普通高等教育"十三五"规划教材

大学计算机基础实训指导

（第三版）

主　编　王建忠　周　雄

副主编　张　萍　刘　唐　吴　倩

　　　　林蓉华　张　楠　梁　静　杜　诚

U0207262

科学出版社

北　京

内 容 简 介

本书根据教育部制定的大学计算机基础课程教学基本要求，并结合目前大学非计算机专业学生的计算机实际水平与社会需求编写而成。书中大部分题目来自于社会应用实践，通过实训学习，学生将具备解决实际问题的能力，能适应社会的实际需要，为就业打下坚实的基础。

全书分为 8 章，主要内容包括：Windows 7 操作系统实训、Word 2010 实训、Excel 2010 实训、PowerPoint 2010 实训、Photoshop CS5 实训、多媒体技术实训、网络基础实训和工具软件实训。本书实训内容安排循序渐进、重点突出、图文并茂，并提供基础实训、综合实训与创新实训三种不同难度的内容，对学生进行全面的实训。需要提供样文效果的部分全部提供了样文，方便学生进行直观实训对比。

本书可作为普通本科院校非计算机专业学生的大学计算机基础实训教材（专科院校可选其中的部分内容进行教学与实训），同时也可作为计算机等级考试考生和社会在职人员的参考书。

图书在版编目(CIP)数据

大学计算机基础实训指导 / 王建忠，周雄主编. —3 版. —北京：科学出版社，2014.6

普通高等教育"十三五"规划教材
ISBN 978-7-03-040924-9

Ⅰ. ①大⋯ Ⅱ. ①王⋯②周⋯ Ⅲ. ①电子计算机－高等学校－教材 Ⅳ. ①TP3

中国版本图书馆 CIP 数据核字(2014)第 120279 号

责任编辑：毛 莹 张丽花 / 责任校对：鲁 素
责任印制：霍 兵 / 封面设计：迷底书装

科学出版社 出版

北京东黄城根北街 16 号
邮政编码：100717
http://www.sciencep.com

天津文林印务有限公司 印刷

科学出版社发行 各地新华书店经销

*

2010 年 9 月第 一 版　　 开本：787×1092　1/16
2014 年 6 月第 三 版　　 印张：13
2021 年 1 月第十八次印刷　 字数：341 000

定价：**35.00** 元

（如有印装质量问题，我社负责调换）

前　　言

本书根据 2013 年 6 月全国计算机等级考试一级考试大纲、2011 年 10 月教育部高等学校计算机基础课程教学指导委员会编写的《高等学校计算机基础核心课程教学实施方案》、2009 年 10 月编写的《高等学校计算机基础教学发展战略研究报告暨计算机基础课程教学基本要求》，以及 2008 年 11 月教育部高等学校文科计算机基础教学指导委员会编写的《大学计算机教学基本要求》中所涉及的知识点与技能点，并结合本科院校非计算机专业学生的计算机实际水平与社会需求等内容编写而成。本书坚持"以实训为重点，以实际应用、创新为目标"的实训理念，为学生提供三种实训项目：基础实训、综合实训、创新实训。通过这些实训，培养学生利用计算机解决实际问题的能力，使其毕业后能轻松胜任实际工作。

与本书配套的主教材《大学计算机基础(第三版)》同时出版，可供教学使用。此外，本套教材配有大学计算机基础电子课件和大学计算机基础实训的相关素材，内容丰富，具有启发性、实用性和趣味性，是教材的有益补充，方便教师教学和学生自学。

本书由长期从事计算机基础教学、科研工作的优秀教师编写，采用 Windows 7 操作系统和 Office 2010 办公软件。编写分工如下：第 1 章由梁静编写，第 2 章由张萍编写，第 3 章由王建忠编写，第 4 章由刘唐编写，第 5 章由吴倩编写，第 6 章由林蓉华编写，第 7 章由张楠编写，第 8 章由杜诚编写，最后由四川师范大学王建忠教授与重庆工商大学融智学院高级工程师周雄统稿、审阅。

本书的出版得到四川师范大学副校长祁晓玲教授、教务处处长杜伟教授、基础教学学院院长唐应辉教授等领导的大力支持，同时也得到四川师范大学基础教学学院从事计算机教学的老师们以及西南民族大学杜诚老师、成都工业学院梁静老师的关心与支持，在此一并表示真诚的感谢！

由于时间仓促，书中难免存在不足与欠妥之处，为了便于今后的修订，恳请广大读者提出宝贵的意见与建议。

编　者

2014 年 4 月

目　录

第 1 章　Windows 7 操作系统实训

实训项目一　文字录入练习

一、实训目的

(1)熟悉键盘的基本操作及键位。

(2)熟练掌握英文大小写、数字、中英文标点的用法及输入。

(3)掌握正确的操作指法及姿势。

(4)熟练掌握一种汉字输入方法。

(5)掌握英文、数字、全角、半角字符和图形符号的输入方法。

二、实训内容

【实训 1-1-1】　认识键盘的布局。

键盘上键位的排列按用途可分为：主键盘区、功能键区、数字键区、编辑键区，见图 1-1。

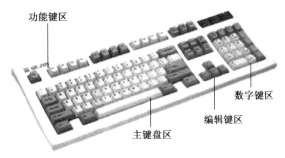

图 1-1　键盘图

主键盘区是键盘操作的主要区域，包括 26 个英文字母、0～9 个数字、运算符号、标点符号、控制键等。其中的 26 个字母键，按英文打字机字母顺序排列，位于主键盘区的中央区域。计算机开机后，英文字母键默认为小写字母输入，如需输入大写字母，可按住上挡键⇧Shift 的同时击打字母键，或按下大写字母锁定键 Caps Lock 后(此时，数字键区对应的指示灯亮，表明键盘处于大写字母锁定状态)，击打字母键。如需从大写字母输入状态(通过 Caps Lock 键设置的)转换为小写字母输入状态，再次按下 Caps Lock 键(小键盘对应的指示灯熄灭)。

【实训 1-1-2】　结合图 1-2 学习正确姿势，图 1-3 学习正确指法。

(1)腰部坐直，两肩放松，上身微向前倾；手臂自然下垂，小臂和手腕自然平抬。

(2)手指略微弯曲，左右手食指、中指、无名指、小指依次轻放在 F、D、S、A 和 J、K、L、；八个键位上，并以 F 与 J 键上的凸出横条为识别记号，大拇指则轻放于空格键上。

(3)操作计算机时眼睛看着文稿或屏幕。

(4)按键时，伸出手指弹击按键，之后手指迅速回归基准键位，做好下次击键准备。如需按空格键，则用右手大拇指横向下轻击。如需按回车键(Enter 键)，则用右手小指侧向右轻击。

初学时尤其不要养成用眼确定指位的习惯。

图 1-2　键盘操作姿势图

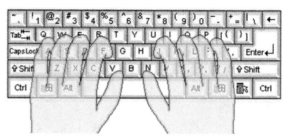

图 1-3　键盘指法图

【实训 1-1-3】　文字录入练习。

使用智能 ABC 输入法输入以下粗斜体文字：

智能 ABC 输入法功能十分强大，不仅支持人们熟悉的全拼输入、简拼输入，还提供混拼输入、笔形输入、音形混合输入、双打输入等多种输入法。此外，智能 ABC 输入法还具有一个约 6 万词条的基本词库，且支持动态词库。如果单击"标准"按钮，切换到"双打智能 ABC 输入法状态"；再单击"双打"按钮，又回到"标准智能 ABC 输入法状态"。在"智能 ABC 输入法状态"下，用户可以使用如下几种方式输入汉字。

(1)全拼输入：只要熟悉汉语拼音，就可以使用全拼输入法。全拼输入法是规范的汉语拼音输入外码，即用 26 个小写英文字母作为 26 个拼音字母的输入外码。

(2)简拼输入：简拼输入法的编码由各个音节的第一个字母组成，对于包含 zh、ch、sh 这样的音节，也可以取前两个字母组成。简拼输入法主要用于输入词组，例如下列一些词组的输入为：

词组	全拼输入	简拼输入
学生	*xueshen*	*xs(h)*
练习	*lianxi*	*lx*

此外，在使用简拼输入法时，隔音符号可以用来排除编码的二义性。例如，若用简拼输入法输入"社会"，简拼编码不能是"sh"，因为它是复合声母 sh，因此正确的输入应该使用隔音符" ' "输入"s'h"。

(3)混拼输入：也就是输入两个音节以上的词语时，有的音节可以用全拼编码，有的音节则用简拼编码。例如，输入"计算机"一词，其全拼编码是"jisuanji"，也可以采用混拼编码"jisj"或"jisji"。

<实训步骤>

(1)开机进入 Windows 7。

(2)在任务栏上单击 🔘 按钮，单击"所有程序"→"附件"→"记事本"选项，启动"记事本"程序准备录入内容。

(3)单击任务栏上的"输入法"按钮 📧，选择"智能 ABC 输入法" 📧，在记事本中录入文字。

(4)单击输入法状态指示器 📧 中的半月形 🌙 或圆形 ⚫ 按钮，可实现半角与全角的转换。

(5)单击输入法状态指示器 📧 中的标点符号按钮 ，可实现英文标点与中文标点的转换。

（6）按 Shift + Ctrl 键，可选择不同的输入法；按 Ctrl + 空格键，可实现英文输入与中文输入的切换。

实训项目二　　Windows 7 操作界面

一、实训目的

（1）掌握 Windows 7 桌面布局。
（2）掌握窗口的基本组成元素、对话框的组成元素、菜单及相关操作。

二、实训内容

【实训 1-2-1】　桌面操作。
Windows 7 将整个屏幕称为"桌面"，是用户操作的工作环境，如图 1-4 所示。

图 1-4　Windows 7 桌面图

<实训步骤>
（1）桌面图标操作。
认识图标：在桌面的左边有若干个上面是图形、下面是文字说明的组合，这种组合称为图标，如。
打开操作：用户可以双击图标，或者右击图标在弹出的快捷菜单中选择"打开"命令。
整理桌面图标：右击桌面空白处，在弹出的快捷菜单中选择"排序方式"命令，对图标按"名称"、"项目类型"、"大小"、"修改日期"进行排列。
（2）"开始"按钮操作。
认识"开始"按钮：桌面左下角的就是"开始"按钮。
观察"开始"按钮中内容：单击"开始"按钮，如图 1-5 所示。利用里面的项目可以运行程序、打开文档及执行其他常规操作。用户所要做的工作几乎都可以通过它来完成。

图1-5 "开始"按钮内容

(3)任务栏操作。

认识任务栏：任务栏通常放置在桌面的最下端，如图1-6所示。任务栏包括"开始"按钮、快速启动栏和指示器栏三部分。

图1-6 任务栏

任务栏的操作：

①设置任务栏属性。

右击任务栏空白处，在打开的快捷菜单中选择"属性"命令，弹出"任务栏和「开始」菜单属性"对话框。在"任务栏"选项卡中可以设置任务栏外观，如锁定任务栏、自动隐藏任务栏、任务栏上图标大小、任务栏在屏幕中的位置等。在"「开始」菜单"选项卡中可以对"开始"按钮中的内容和外观进行设置。设置完成后，单击"确定"按钮，注意变化。

②调整任务栏高度。

将鼠标指针指向任务栏的上边缘处，待鼠标指针变成双向箭头形状时，用鼠标上下拖动可以改变任务栏的高度，但最高只可调整至桌面的1/2处。

③通过鼠标拖动调整任务栏位置。

任务栏默认位置在桌面的底部，如果需要可以通过鼠标拖动，将任务栏移动到桌面的顶部或两侧。方法是：将鼠标指针指向任务栏的空白处，按下左键向桌面的顶部或者两侧拖动释放即可。

④调整快速启动栏项目。

将桌面图标直接拖向任务栏的快速启动栏区域内，就可将其加入到快速启动栏中。右击快速启动栏中的某一图标，从弹出的快捷菜单内单击"将此程序从任务栏解锁"命令，即可将该图标从快速启动栏中删除。

【实训 1-2-2】 桌面外观调整。

<实训步骤>

(1)在桌面右击，在弹出的快捷菜单中选择"个性化"命令，可以设置具有个性化的桌面属性，如图 1-7 所示。

图 1-7　个性化桌面设置

(2)在图 1-7 中拖动右侧滚动条查看并选择任意一种主题，观察桌面变化。

(3)在图 1-7 中单击"桌面背景"图标后如图 1-8 所示，从图片列表框中选择一幅系统图片作为桌面背景，并通过"图片位置"下拉列表框选择"居中"、"平铺"、"拉伸"、"填充"等显示方式，单击"确定"按钮，观察桌面变化。再通过图 1-8 中"浏览"按钮选择自己喜欢的图片作为背景。

图 1-8　桌面背景设置

（4）在图 1-7 中单击"屏幕保护程序"图标后打开如图 1-9 所示对话框。在"屏幕保护程序"下拉列表框中选择任意一种屏幕保护程序，如"三维文字"，单击"预览"按钮，预览屏幕保护程序。调整等待时间，如"5 分钟"，单击"确定"按钮即可完成屏幕保护程序的设置。

图 1-9　屏幕保护程序设置

（5）单击"开始"按钮→"控制面板"→"显示"选项后，打开如图 1-10 所示窗口。此处可以设置桌面的字体大小，选择图 1-10 中的"中等"或"较大"选项后单击"应用"按钮，观察窗口变化。

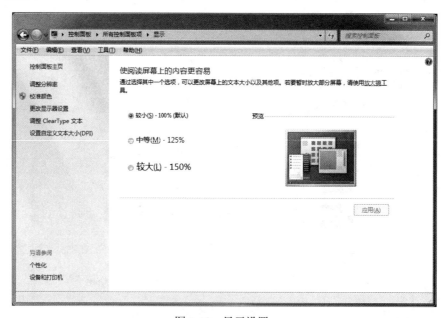

图 1-10　显示设置

（6）在图 1-10 中左侧选择"调整分辨率"选项后打开如图 1-11 所示窗口。在图 1-11 的"分辨率"下拉列表框中选择"1440×900（推荐）"选项，单击"确定"按钮，观察桌面视觉效果的变化。

图 1-11　设置显示器分辨率

【实训 1-2-3】　回收站操作。

<实训步骤>

从硬盘上删除的内容将被放到"回收站"内，有关"回收站"的操作如下。

（1）清空"回收站"。清空"回收站"的目的是把放到"回收站"里的文件夹或文件彻底从磁盘上删除。

方法一：右击桌面上的"回收站"图标，在弹出的快捷菜单中选择"清空回收站"命令。

方法二：双击桌面上的"回收站"图标，打开"回收站"窗口，选择"文件"→"清空回收站"命令。

（2）彻底删除某个文件夹或文件。

方法一：双击桌面上的"回收站"图标，打开"回收站"窗口，选中要彻底删除的文件夹或文件，选择"文件"→"删除"命令。

方法二：双击桌面上的"回收站"图标，打开"回收站"窗口，右击要彻底删除的文件夹或文件，在弹出的快捷菜单中选择"删除"命令。

（3）还原文件夹或文件。

方法一：双击桌面上的"回收站"图标，打开"回收站"窗口，选中要还原的文件夹或文件，选择"文件"→"还原"命令。

方法二：双击桌面上的"回收站"图标，打开"回收站"窗口，右击要还原的文件夹或文件，在弹出的快捷菜单中选择"还原"命令。

实训项目三 Windows 7 中文件查看和窗口基本操作

一、实训目的

(1)掌握计算机中文件管理的基本操作。

(2)熟悉窗口操作。

(3)熟悉菜单与快捷键操作。

二、实训内容

【实训 1-3-1】窗口操作。

<实训步骤>

(1)移动窗口。

方法一：双击桌面上"计算机"图标，打开如图 1-12 所示窗口，按住鼠标左键拖动窗口的标题栏到指定的位置。

方法二：双击桌面上"计算机"图标，打开如图 1-12 所示窗口，同时按下 Alt+空格键，打开系统控制菜单，选择"移动"命令，即可使用鼠标将窗口移动到指定的位置上，按 Enter 键或双击鼠标结束移动操作。

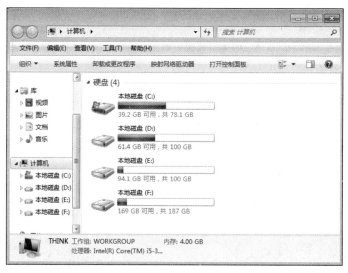

图 1-12 "计算机"窗口

(2)设置窗口最大化、最小化。

①最大化窗口。

方法一：双击桌面上"计算机"图标，打开如图 1-12 所示窗口，单击窗口标题栏右上角的"最大化"按钮。

方法二：双击桌面上"计算机"图标，打开如图 1-12 所示窗口，同时按下 Alt+空格键，打开系统控制菜单，选择"最大化"命令。

方法三：双击桌面上"计算机"图标，打开如图 1-12 所示窗口，双击窗口标题栏可以在窗口最大化和恢复原状之间切换。

②最小化窗口。

方法一：双击桌面上"计算机"图标，打开如图 1-12 所示窗口，单击窗口标题栏右上角的"最小化"按钮。

方法二：双击桌面上"计算机"图标，打开如图 1-12 所示窗口，同时按下 Alt+空格键，打开系统控制菜单，选择"最小化"命令。

方法三：单击任务栏上对应的窗口图标，可以在窗口最小化和恢复原状之间切换。

(3)改变窗口尺寸的操作。双击桌面上"计算机"图标，打开如图 1-12 所示窗口，移动鼠标指针到窗口边缘并拖动，改变窗口尺寸为任意大小。

(4)窗口滚动条的操作。双击桌面上"计算机"图标，打开如图 1-12 所示窗口，通过改变窗口尺寸缩小窗口，使窗口的右边及下边都出现滚动条。用鼠标拖动滚动条，查看窗口中的信息。

(5)窗口关闭。

方法一：单击窗口标题栏上的"关闭"按钮。

方法二：同时按下 Alt+空格键，打开系统控制菜单，选择"关闭"命令。

方法三：右击窗口标题栏，在弹出的系统控制菜单中选择"关闭"命令。

方法四：按 Alt+F4 快捷键。

方法五：右击任务栏的窗口按钮，在弹出的快捷菜单中选择"关闭"命令。

方法六：单击窗口中的"文件"→"关闭"命令。

【实训 1-3-2】　菜单与快捷菜单操作。

<实训步骤>

(1)双击桌面上"计算机"图标，打开如图 1-12 所示窗口，逐个执行菜单栏中各项命令，熟悉其功能。

(2)在图 1-12 窗口菜单栏上选择"查看"→"详细信息"命令，观察窗口中文件和文件夹的显示方式。

(3)在图 1-12 窗口菜单栏上选择"查看"→"大图标"命令，观察窗口中文件和文件夹的显示方式。

(4)在图 1-12 窗口菜单栏上选择"帮助"→"查看帮助"命令，弹出"帮助"窗口，在其中找到 Windows 的简单使用说明。

(5)在桌面上右击"计算机"图标，在弹出的快捷菜单中选择"属性"选项，弹出"系统"窗口，查看计算机的基本信息。

【实训 1-3-3】　查看磁盘内容。

<实训步骤>

(1)双击桌面上"计算机"图标，打开如图 1-12 所示窗口。然后，单击左侧文件夹列表窗口某一驱动器盘符或文件夹，在右边的内容窗口中就能够看到该驱动器(磁盘)或文件夹包含的内容，如图 1-13 所示。

(2)单击某一驱动器盘符或文件夹前面的 ▷，可以将该驱动器或文件夹"展开"，显示其包含的子文件夹。

(3)单击某一驱动器盘符或文件夹前面的 ◢，可以将该驱动器或文件夹"折叠"，隐藏显示其包含的子文件夹。

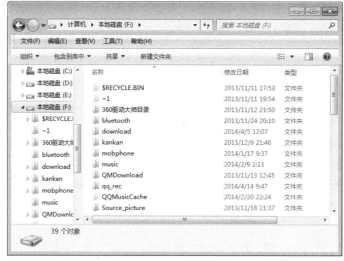

图 1-13 查看磁盘内容

实训项目四 文件和文件夹的操作

一、实训目的

(1)掌握文件和文件夹的创建、移动、复制、删除、重命名、文件属性的修改。

(2)掌握文件和文件夹的压缩和解压缩操作。

二、实训内容(将素材文件夹 WEXAM 复制到 C 盘根目录)

【实训 1-4-1】 将考生文件夹 C:\WEXAM\20000016 文件夹下 SCHOOL 文件夹中的文件 SKY.txt 更名为 SKIN. txt。

<实训步骤>

(1)依次双击"计算机"→"本地磁盘(C:)"→"WEXAM"→"20000016"→"文件夹 (SCHOOL)",打开如图 1-14 所示窗口。

图 1-14 实训 1-4-1 第一步

(2)右击文件"SKY.txt"，从弹出的快捷菜单中选择"重命名"命令，如图 1-15 所示。

图 1-15　实训 1-4-1 第二步

(3)重新输入文件名"SKIN"，如图 1-16 所示。

图 1-16　实训 1-4-1 第三步

【实训 1-4-2】　在考生文件夹 C:\WEXAM\20000016 文件夹下创建文件夹 psd。
<实训步骤>

(1)依次双击"计算机"→"本地磁盘(C:)"→"WEXAM"→"20000016"，打开如图 1-17 所示窗口。

图 1-17　实训 1-4-2 第一步

(2)在窗口的空白处右击，在弹出的快捷菜单中选择"新建"→"文件夹"命令，如图 1-18 所示。

图 1-18　实训 1-4-2 第二步

(3)输入文件夹名称"psd"，如图 1-19 所示。

【实训 1-4-3】　在考生文件夹 C:\WEXAM\2000016 文件夹下 MOON 文件夹中新建一个文件夹 hub。

<实训步骤>

(1)依次双击"计算机"→"本地磁盘(C:)"→"WEXAM"→"20000016"→"MOON"，打开如图 1-20 所示窗口。

图 1-19　实训 1-4-2 第三步

图 1-20　实训 1-4-3 第一步

(2)在窗口的空白处右击,在弹出的快捷菜单中选择"新建"→"文件夹"命令,如图 1-21 所示。

(3)输入文件夹名称"hub",如图 1-22 所示。

【实训 1-4-4】将考生文件夹 C:\WEXAM\2000016 文件夹下 TIXT 文件夹中的 ENG.docx 文件重命名为 END.docx。

<实训步骤>

(1)依次双击"计算机"→"本地磁盘(C:)"→"WEXAM"→"20000016"→"TIXT",打开如图 1-23 所示窗口。

图 1-21 实训 1-4-3 第二步

图 1-22 实训 1-4-3 第三步

图 1-23 实训 1-4-4 第一步

(2)右击文件 ENG.docx，从弹出的快捷菜单中选择"重命名"命令，如图 1-24 所示。

图 1-24　实训 1-4-4 第二步

(3)输入新文件名"END"，如图 1-25 所示。

图 1-25　实训 1-4-4 第三步

【实训 1-4-5】 将考生文件夹 C:\WEXAM\20000016 下 WAKE 文件夹中的文件 PLAY.txt 设置为只读属性。

<实训步骤>

(1)依次双击"计算机"→"本地磁盘(C:)"→"WEXAM"→"20000016"→"WAKE"，打开如图 1-26 所示窗口。

图 1-26　实训 1-4-5 第一步

（2）右击文件 PLAY.txt，在弹出菜单中选择"属性"命令，如图 1-27 所示。

图 1-27　实训 1-4-5 第二步

（3）在弹出的对话框中选中"只读"复选框，如图 1-28 所示。

【实训 1-4-6】　文件或文件夹的压缩/解压缩操作。

<实训步骤>

（1）压缩文件夹或文件。选中需要进行压缩的文件或文件夹，然后右击鼠标，从弹出的快捷菜单中选择"添加到压缩文件"命令（图 1-29），在弹出的对话框中指定压缩文件名（图 1-30）后，即可自动将文件或文件夹进行压缩了。

图 1-28　实训 1-4-5 第三步

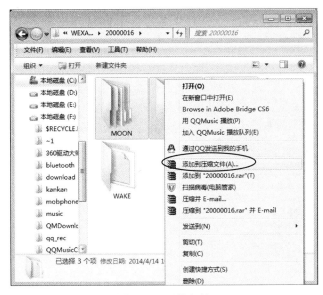

图 1-29　压缩文件

图 1-30　指定压缩文件名

(2)解压缩文件。在解压缩文件夹时，可以选中压缩包，然后右击鼠标，从弹出的快捷菜单中选择"解压文件"命令(图1-31)。在出现的对话框中指定解压缩文件存放的路径，单击"确定"按钮即可完成解压操作，如图1-32所示。

图1-31　解压缩文件

图1-32　指定解压文件存放路径

实训项目五　快捷方式的使用

一、实训目的

(1)了解快捷方式的原理和作用。

(2)熟悉快捷方式的基本操作。

二、实训内容

【实训 1-5-1】　快捷方式操作。

<实训步骤>

(1)选定快捷方式：单击某一快捷方式，该图标颜色变深，即被选定。

(2)移动快捷方式：将鼠标指针移动到某一快捷方式上，按住左键不放，拖动快捷方式到某一位置后再释放，快捷方式就被移动到该位置。

(3)执行快捷方式：双击快捷方式就会执行相应的程序或文档。

(4)复制快捷方式：把窗口中的快捷方式复制到桌面上，可以按住 Ctrl 键不放，然后用鼠标拖动快捷方式到桌面，再释放 Ctrl 键和鼠标即可完成快捷方式的复制。

(5)删除快捷方式：选定要删除的快捷方式，按键盘上的 Del 键即可删除。

(6)建立快捷方式：右击对象，在弹出的快捷菜单选择"发送到"→"桌面快捷方式"命令。

实训项目六　文件查找

一、实训目的

(1)掌握文件查找方法。

(2)熟悉模糊文件名查找方法。

二、实训内容

【实训 1-6-1】　文件查找。

双击桌面"计算机"图标，即可在打开的窗口中找到搜索框，如图 1-33 所示。

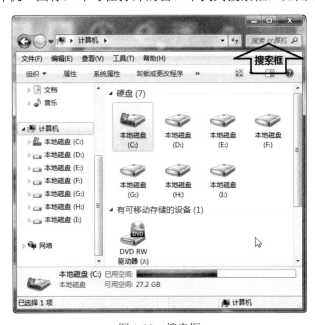

图 1-33　搜索框

<实训步骤>

（1）指定搜索文件/文件夹名。在图 1-33 的搜索框中输入文件/文件夹名的部分或全部内容，按 Enter 键即可开始搜索。

（2）在搜索框中输入文件/文件夹名时可以用如下一些符号代替，以实现模糊搜索。例如：文件夹和文件的名字可以使用通配符"?"或"*"来实现模糊搜索。"?"表示替代 1 个字符，"*"表示替代 0 个字符或多个字符。表 1-1 为常见模糊文件名的含义。

表 1-1　模糊文件名的含义

搜索文件名	含　义
A??.TXT	以 A 开头，长度为 3，扩展名为 TXT 的所有文件
B?CC.*	以 B 开头，第 3、4 字符为 CC，扩展名任意的所有文件
?C*.*	第 2 字符为 C 的所有文件
*.DOC	扩展名为 DOC 的所有文件
.	所有文件

第 2 章　Word 2010 实训

第一部分　Word 2010 基础实训

实训项目一　Word 2010 概述

一、实训目的

(1) Word 2010 的快速访问工具栏的设置。

(2) Word 2010 的功能区的隐藏和显示。

(3) Word 2010 的选项设置。

二、实训内容

【实训 2-1-1】　Word 2010 的快速访问工具栏的设置。

快速访问工具栏位于标题栏的左侧，默认的按钮有 ![按钮]。向快速访问工具栏添加按钮的方法如下。

方法一：单击"快速访问工具栏"右侧的 ![按钮]，再单击需要添加的命令(如新建)。添加"新建"按钮后的快速访问工具栏如 ![按钮]。

方法二：在功能区中找到需要添加的命令按钮，右击后选择 添加到快速访问工具栏(A) 命令。

方法三：单击"快速访问工具栏"右侧的 ![按钮]→ 其他命令(M)...，在对话框中单击需要添加的命令，再单击"添加"按钮，即可添加相应的命令到快速访问工具栏。

删除快速访问工具栏中按钮的常用方法：单击"快速访问工具栏"上需要删除的按钮，右击后选择 从快速访问工具栏删除(R) 命令。

【实训 2-1-2】　Word 2010 功能区的隐藏和显示。

为了增大屏幕中可用的编辑空间，可以将功能区最小化。其方法如下。

方法一：双击活动选项卡的名称可最小化功能区，再次双击任何选项卡可还原功能区。

方法二：最小化功能区的快捷键是 Ctrl+F1，再次按 Ctrl+F1 键可还原功能区。

【实训 2-1-3】　Word 2010 的选项设置。

单击 ![文件]→"选项"，可以对 Word 2010 的常规、显示、校对、保存、版式和语言等选项进行设置。

单击 ![文件]→"选项"→"高级"，在"显示"下的显示此数目的"最近使用的文档"微调框中可设置要显示的文件数，默认为 25，如图 2-1 所示。

单击 ![文件]→"选项"→"保存"，可设置"保存自动恢复信息时间间隔"，默认为 10 分钟，如图 2-2 所示。

图 2-1 Word 选项——高级设置

图 2-2 Word 选项——保存设置

<注意事项>

要将文件保留在"最近使用文件"列表中的方法是，单击 **文件** →"最近使用文件"列表中的 📌。将文档固定到"最近使用的文档"列表中后，固定按钮将显示为一个图钉俯视图 📌。

实训项目二　文档的基本操作与编辑

一、实训目的

(1)创建、输入、保存文档。

(2)打开文档、编辑文档内容。

(3) 设置段落格式。

(4) 设置文档的保护。

二、实训内容

【实训 2-2-1】　文件的创建、输入、保存。

启动 Word 2010 软件，系统以 Word 默认的"Normal.dot"模板自动建立一个名为"文档 1"的新文档。在此文档中，输入以下内容。

> 第一部分：英文和数字
>
> **The quick brown fox jumps over the lazy dog.**
>
> **01234567899876543210**
>
> 第二部分：中文、英文和符号
>
> 男孩 **boy** 女孩 **girl**，**BOY GIRL**！
>
> ★🏳在天空飘扬，🅿里🚗很多，体育馆里正在举行🏊🚴🏋⛷等各种比赛……🌐是大家共同的家园。

输入完成后，保存文件名为"实训 2-2-1"。在输入文件名时，文件的扩展名可省略，默认为.docx。

【实训 2-2-2】　打开文档，编辑文档内容。

打开文档"实训 2-2-1"，在文字后面空一行后接着在英文状态下输入如下内容：

> 第三部分：中文与编辑
>
> **=Rand（4, 5）**

按 Enter 键后产生 4 段内容，每段内容中有 5 句话。

接下来进行如下编辑：选择产生的 4 段内容，单击"开始"→"段落段落对话框启动按钮"，在"段落"对话框中设置首行缩进为 2 个字符。单击"审阅"→"校对"→"拼写和语法"按钮，忽略全部的语法错误。将产生的 4 段内容中的第 2 段与第 3 段合并为一段。

将文档另存为"实训 2-2-2"。

\<注意事项\>

函数 Rand(x, y)的功能主要用于快速产生 Word 功能测试用的语句和段落。函数中的 x 表示系统自动产生内容的段落数，y 表示产生的每个段落中的语句数。注意函数中必须使用英文标点。

【实训 2-2-3】　文档的保护。

打开文档"实训 2-2-2"，单击"审阅"→"保护"→"限制编辑"命令，出现"限制格式和编辑"任务窗格。分别选中"限制对选定的样式设置格式"和"仅允许在文档中进行此类编辑"复选框。单击"是，启动强制保护"单选按钮，设置密码(如 2014)，如图 2-3 所示。原名保存并关闭文档。重新打开该文档，文档处于保护之中，不能编辑。要停止保护文档，单击"审阅"→"保护"→"限制编辑"命令，在"限制格式和编辑"任务窗格的下方单击"停止保护"按钮，输入密码(如 2014)并保存。

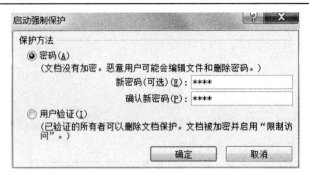

图 2-3 "启动强制保护"对话框

实训项目三 文档排版

一、实训目的

(1)字符格式的设置。

(2)段落格式的设置。

(3)格式的复制与清除。

(4)语法和拼写错误的修改。

二、实训内容

【实训 2-3-1】 设置文字格式。

打开"实训 2-3-1-原文",进行如下设置。

(1)设置标题为黑体,一号,居中。

(2)按照红、橙、黄、绿、浅蓝、蓝、紫依次设置标题文字的字体颜色。

(3)设置标题字符间距加宽 3 磅,设置"间"、"儿"二字位置提升 6 磅,"去"字位置降低 6 磅。

(4)将所有的手动换行符替换为段落标记。设置所有内容居中显示。删除编曲者,将演唱者合并到上一段,空一个空格。

(5)第一段文字加红色下划线;第二段文字加着重号;第三段文字设置字符底纹;第四段文字设置突出显示文本。样文如图 2-4 所示。

<实训步骤>

(1)打开文档"实训 2-3-1-原文"。选择标题,在"开始"→"字体"中设置字体、字号。在"开始"→"段落"中设置对齐方式为居中。

(2)分别选择标题各个文字,在"开始"→"字体"中设置为相应的字体颜色。

(3)选择标题,单击"开始"→"字体对话框启动按钮",在"字体"对话框的"高级"选项卡中设置字符间距加宽 3 磅。选择 "间"、"儿"二字,在"字体"对话框的"高级"选项卡中设置位置提升 6 磅,如图 2-5 所示。同理选择"去"字,设置位置降低 6 磅。

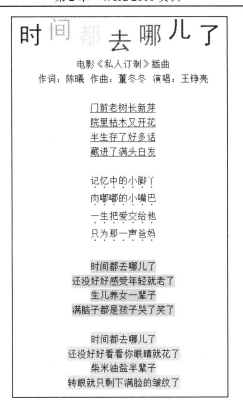

图 2-4　实训 2-3-1 样文

图 2-5　"字体"对话框—高级

（4）替换：单击"开始"→"编辑"→"替换"选项，在"替换"对话框中的查找内容处单击，然后单击"更多"按钮，在"特殊格式"按钮下选择"手动换行符"选项。将光标定位到"替换为"后，在"特殊格式"按钮下选择"段落标记"选项，如图 2-6 所示。最后单击"全部替换"按钮进行替换。

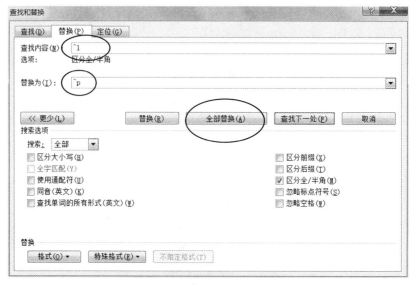

图 2-6 "查找和替换"对话框

　　(5)在"开始"→"字体"中，设置第一段文字加红色下划线；第二段文字加着重号；第三段文字设置字符底纹；第四段文字设置突出显示文本。注意，着重号在"字体"对话框中进行设置。

【实训 2-3-2】 格式化文档。

　　打开文档"实训 2-3-2-原文 1"或"实训 2-3-2-原文 2"，按下列要求设置、编排文档格式。样文如图 2-7 所示。

境 由 心 造

罗兰

<u>一个人的处境是苦是乐常是主观的。</u>

　　有人安于某种生活，有人不能。因此能安于自己目前处境的不妨就如此生活下去，不能的只好努力另找出路。你无法断言哪里才是成功的，也无法肯定当自己到达了某一点之后，会不会快乐。有些人永远不会感到满足，他的快乐只建立在不断地追求与争取的过程之中，因此他的目标不断地向远处推移。这种人的快乐可能少，但成就可能大。

　　苦乐全凭自己判断，这和客观环境并不一定有直接关系，正如一个不爱珠宝的女人，即使置身在极其重视虚荣的环境，也无伤她的自尊。拥有万卷书的穷书生，并不想去和百万富翁交换钻石或股票。满足于田园生活的人也并不羡慕任何学者的荣誉头衔，或高官厚禄。

　　你的爱好就是你的方向，你的兴趣就是你的资本，你的性情就是你的命运。

——摘自《哲理散文》

图 2-7 实训 2-3-2 样文

（1）设置字体：第一行标题为隶书；正文第一段为华文新魏；正文第二段为华文细黑；正文第三段为楷体；正文第四段为黑体。

（2）设置字号：第一行标题为一号；正文第一段和第三段为小四。

（3）设置字形：第一行标题倾斜；正文第一段加下划线；正文第四段加粗加着重号。

（4）设置对齐方式：第一行标题居中；第二行居中；最后一行右对齐。

（5）设置段落缩进：正文各段首行缩进 2 字符；全文左、右各缩进 1 字符。

（6）设置段落间距和行距：全文段前、段后各间隔 0.5 行；正文第二段和第三段行距为固定值 18 磅。

（7）修改文中的语法和拼写错误。

<实训步骤>

（1）打开文档，设置字体、字号和字形。

方法一：选择内容，单击"开始"→"字体"组直接设置字体，如图 2-8 所示。

方法二：选择内容，在出现的"字体"悬浮工具栏中进行设置，如图 2-9 所示。

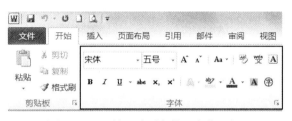

图 2-8　"开始"选项卡的"字体"组

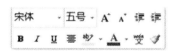

图 2-9　字体悬浮工具栏

方法三：选择内容，单击"开始"→"字体"组中的"字体对话框启动按钮"，在"字体"对话框中进行设置，如图 2-10 所示。注意有些设置（如着重号）在"字体"对话框中进行。

图 2-10　"字体"对话框

(2)设置对齐方式、段落缩进、行距和段落间距。

方法一：选择内容，在"开始"→"段落"中直接进行设置。

方法二：选择内容，在"段落"对话框中的"缩进和间距"选项卡中进行设置。注意，有些命令(如首行缩进、左右缩进)在"段落"对话框中进行设置，如图 2-11 所示。

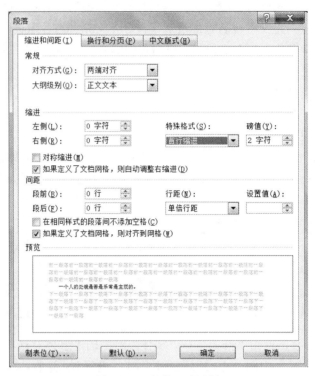

图 2-11 "段落"对话框

(3)修改语法和拼写错误：将光标定位到文中有红色波浪线的文字处(如自已)右击，在快捷菜单中单击正确的文字"自己"，改正错误，如图 2-12 所示。同理将"是苦是乐"中的错误忽略，如图 2-13 所示。或者单击"审阅"→"校对"→"拼写和语法"按钮，在对话框中根据建议和自己的判断选择"忽略"或"更改"按钮，如图 2-14 所示。

图 2-12 修改错误

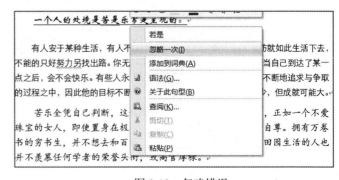

图 2-13 忽略错误

(4)保存文档：单击 文件 →"另存为"命令将文档另存为规定的文件名。

图 2-14 "拼写和语法"对话框

实训项目四　页面设置与文档打印

一、实训目的

(1) 设置段落和页面格式。
(2) 设置页眉和页脚。
(3) 打印设置与输出。

二、实训内容

【实训 2-4-1】　设置段落和页面格式。

打开文档"实训 2-4-1-原文",按照要求完成操作并保存文档。样文如图 2-15 所示。

金山推出全球第一套蒙文版办公软件

近日,金山公司与内蒙古证联公司合作发布了全球第一套蒙古文字办公软件——蒙文版WPS Office。

蒙文版WPS Office作为我国少数民族第一个多功能大型办公组合软件,包括文字办公处理、无限电子表格和会议幻灯制作等现代办公3大支柱功能,是一个包括汉族、蒙古族、满族和锡伯族等多民族语言文字及兼容国际通用语言的大型基础应用软件组合。它不但支持GB18030汉字编码,还是全球范围内第一个采用ISO/IEC 10646-1: 2000 (E) 蒙文国际编码标准的产品,并符合Unicode编码方式,可以直接运行于Windows 2000/NT/XP办公平台。

据悉,该产品的开发过程历时一年,并被列入国家信息产业科研试制计划项目及内蒙古自治区信息产业"十五规划"重点项目。继蒙文版WPS Office后,金山公司还将相继推出维文版和藏文版的WPS Office。

图 2-15　实训 2-4-1 样文

(1) 将标题文字设置为三号、黑体、居中、加文字底纹(浅蓝色)。

(2) 将正文各段文字设置为小四号楷体；各段落 1.4 倍行距，首行缩进 2 个字符，左右各缩进 1.5 个字符。

(3) 将文档页面的纸型设置为 16 开、左右页边距为 3 厘米；在页面底端右侧位置插入页码。

<实训步骤>

(1) 单击“开始”→“段落”→“ ”→“边框和底纹”，在对话框中选择“底纹”选项卡，设置填充颜色为浅蓝色，应用于文字。

(2) 选择各段落，在“段落”对话框中设置行距为多倍行距，值为 1.4 倍。在特殊格式中设置首行缩进为 2 个字符，缩进左侧和右侧都是 1.5 个字符。

(3) 在“页面布局”→“页面设置”中，设置“纸张大小”为 16 开，“页边距”左右为 3 厘米。

(4) 单击“插入”→“页眉和页脚”→“页码”中页面底端中的页码靠右的格式。

【实训 2-4-2】 设置页面格式和表格。

打开文档“实训 2-4-2-原文”，按照要求完成操作并保存文档。样文如图 2-16 所示。

木 星 及 其 卫 星

木星是太阳系中的第五颗行星，也是最大的一个，丘比特星的重量比太阳系中所有行星的总质量和大两倍以上。它是地球的 318 倍，它距离太阳的轨道长 778 330 000 公里，半径：142 984 公里，质量 1.9×10^{27} 公斤。

木星是在天空中的第四亮的行星，仅次于太阳、月亮及金星。它早在史前时代就为人所知了。一直到了 1973 年，航天飞机 Pioneer 10 成为史上第一个到达木星的航天飞机，之后 Pioneer 11、Voyager1、Voyager2 和 Ulysses 也陆续到达了，现在我们才能有这么多有关木星的信息。

木星是一颗气态的行星，它没有液态的表面，而我们平常看到的只是它表面的云层。木星大约是由 90%的氢及 10%的氦所组成，上面还有甲烷、水、氨及石头的迹象。它这样子的组成构造和太阳星云(Solar Nebula)很相似（太阳星云是组成我们整个太阳系的原始物体），而土星的构造也有着相似的情形。

再来说说木星的卫星，目前为止，我们已知道的卫星数有 16 颗，下面是这些卫星的简介：

卫星	与木星的距离 (km)	半径 (km)	质量 (kg)
Metis	128	20	9.56×10^{16}
Adrastea	129	10	1.91×10^{16}
Amalthea	181	98	7.17×10^{18}
Thebe	222	50	7.77×10^{17}
Io	422	1815	8.94×10^{22}
Europa	671	1569	4.80×10^{22}
Ganymede	1070	2631	1.48×10^{23}
Callisto	1883	2400	1.08×10^{23}
Leda	11094	8	5.68×10^{15}
Himalia	11480	93	9.56×10^{18}
Lysithea	11720	18	7.77×10^{16}
Elara	11737	38	7.77×10^{17}
Ananke	21200	15	3.82×10^{16}
Carme	22600	20	9.56×10^{16}
Pasiphae	23500	25	1.91×10^{17}
Sinope	23700	18	7.77×10^{16}

图 2-16　实训 2-4-2 样文

(1) 设置页面上、下边距各为 3 厘米，页面垂直对齐方式为“居中”。

(2)将标题文字设置为 18 号楷体、加粗、居中，字符间距为加宽 6 磅。

(3)设置正文各段"木星是太阳系中……简介："段前间距为 0.5 行。

(4)设置正文第一段首字下沉 3 行，距正文 0.1 厘米。

(5)将正文第一段末尾处"1027 公斤"中的"27"设置为上标。

(6)将卫星简介内容的文字转换为表格，设置表格居中，根据内容自动调整表格。

<实训步骤>

(1)单击"页面布局"→"页面设置"→"页边距"→"自定义边距"，在"页面设置"对话框中的"页边距"选项卡中设置左右为 3 厘米，"版式"选项卡中设置页面垂直对齐方式为居中。

(2)设置字符间距：单击"开始"→"字体"→"字体对话框启动按钮"，在"字体"对话框中的"高级"选项卡中设置间距为加宽，磅值为 6 磅。

(3)单击第一段的任何位置，单击"插入"→"文本"→"首字下沉"中的首字下沉选项，设置位置为下沉，距正文 0.1 厘米，如图 2-17 所示。

(4)选择表格内容文字，单击"插入"→"表格"→"表格"→"文本转换为表格"命令后确定。选择整个表格，单击"开始"→"段落"→"居中"设置表格居中；单击"布局"→"单元格大小"→"自动调整"→"根据内容自动调整表格"调整表格。

图 2-17　"首字下沉"对话框

【实训 2-4-3】 设置页眉和页脚。

打开文档"实训 2-4-3-原文"，按照要求完成下列操作并保存文档。样文如图 2-18 所示。

历史悠久的古城——正定

　　位于河北省省会石家庄市北 15 公里的正定，是我国北方著名的古老城镇，自北齐建常山郡至今已经历了 1500 余年的沧桑。

　　源远流长的历史给正定留下了众多瑰伟灿烂的文物古迹，以"三山不见，九桥不流，九楼四塔八大寺，二十四座金牌楼"著称的正定还是诸多历史名人的故乡，南越王赵佗、三国名将赵云、明代吏部尚书梁梦龙、清代大学士梁清标都出生在这里。

　　正定如今已被列入国家级历史文化名城，对外开放的景点有始建于隋代的隆兴寺、东魏的开元寺、唐代的天宁寺、五代的县文庙、明清的赵云庙等。近年来新修建的影视基地宁国府、宁荣街以及大型景观西游记宫、封神演义宫与古迹遥相辉映，使正定这座古城日益成为北方知名的旅游胜地。

图 2-18　实训 2-4-3 样文

(1)将标题文字设置为二号宋体红色、加粗、居中、段后间距 0.7 行。

(2)将正文各段文字设置为四号仿宋；各段落左右各缩进 2 字符、首行缩进 2 字符、段前间距 0.5 行。

(3) 使用替换的方法给全文中的所有"正定"加着重号。

(4) 设置文档页面的上下边距各为 2.8 厘米。

(5) 插入页眉，页眉内容为"河北省旅游指南"，对齐方式为右对齐；插入页脚，页码格式为罗马数字格式Ⅰ、Ⅱ、Ⅲ，对齐方式为居中。

(6) 在快速访问工具栏添加"打印预览和打印"按钮后进行打印预览并保存。

<实训步骤>

(1) 使用替换的方法加着重号：单击"开始"→"编辑"→"替换"，在"查找和替换"对话框中，设置查找内容为"正定"，单击"替换为"下拉列表框，单击"更多"按钮，在左下角的"格式"→"字体"命令，在"字体"对话框中设置着重号，如图 2-19 所示，最后单击"全部替换"按钮进行替换。

图 2-19 "查找和替换"对话框

(2) 设置页眉：单击"插入"→"页眉和页脚"→"页眉"中的第一种格式或"编辑页眉"命令，输入页眉文字即可。

(3) 设置页脚：单击"插入"→"页眉和页脚"→"页码"→"设置页码格式"，在"页码格式"对话框中设置编号格式为Ⅰ、Ⅱ、Ⅲ，起始页码为Ⅰ，如图 2-20 所示。最后单击"插入"→"页眉和页脚"→"页码"中的"页面底端"中的居中格式。

图 2-20 页码格式对话框

(4) 添加"打印预览和打印"按钮后预览：单击"快速访问工具栏"右侧的 ![button]，单击"打印预览和打印"命令，最后单击"打印预览和打印"按钮进行预览。

(5) 保存文档。

实训项目五　图形图像的处理

一、实训目的

(1) 插入图片。

(2) 编辑图片。

(3) 绘制图形。

(4) 制作艺术字。

(5) 使用文本框。

二、实训内容

【实训 2-5-1】　插入图片、编辑图片。

(1) 新建文档，插入艺术字"第 29 届北京奥运会"，调整宽度和页面宽度相同，设置为宋体、48 号。

(2) 输入文字"同一个世界，同一个梦想"，设置为宋体、小初。输入英文"One World One Dream"，英文设置为 Times New Roman、40 号。对齐方式都为居中，段前段后间距均为 1 行。

(3) 插入图片"北京奥运会会徽"和"北京奥运会吉祥物福娃"到文档中，都设置为居中。裁剪掉图片"北京奥运会吉祥物福娃"上的文字，并调整宽度与页面宽度相同。

(4) 调整显示比例为单页。保存为"实训 2-5-1"。效果如图 2-21 所示。

图 2-21　实训 2-5-1 样文

<实训步骤>

（1）"第 29 届北京奥运会"设置：新建文档，单击"插入"→"文本"→"艺术字"→ "第 3 行第 2 列的艺术字格式"，输入艺术字文字。选择艺术字，将鼠标指针移动到艺术字右侧边框上，变成双向箭头时拖动和页面宽度相同，设置为宋体、48 号。

（2）"同一个世界，同一个梦想"和英文的设置：在艺术字下方双击，直接输入文字并进行格式设置。

（3）插入图片并剪裁：将光标定位到英文后面，单击"插入"→"插图"→"图片"按钮，选择图片，将图片插入到文档中，设置为居中。选择"北京奥运会吉祥物福娃"图片，单击"格式"→"大小"→"裁剪"按钮下的"裁剪"命令，将鼠标指针移动到图片的上边框处拖动，将文字裁剪掉。

（4）单击"视图"→"显示比例"→"单页"调整为一页显示。

【**实训 2-5-2**】 绘制图形。效果如图 2-22 所示。

（1）绘制五环和"请勿哭泣保持微笑"的标志。

（2）制作 SmartArt 图形。

（3）制作光盘封面。

图 2-22 实训 2-5-2 样文

<实训步骤>

（1）五环的制作方法：单击"插入"→"插图"→"形状"→"基本形状"→"同心圆"，按住 Shift 键画出正同心圆。选择同心圆，单击"格式"→"形状样式"，在"形状填充"中设置填充颜色为红色，在"形状轮廓"中设置为无轮廓。按住黄色的菱形调整同心圆变细。复制同心圆四次，调整每个圆的位置，从左到右依次设置每个圆的填充颜色为红、黑、蓝、橙、绿五种颜色。按住 Shift 键依次选中五个圆，右击选择"组合"命令，或者单击"格式"→"排列"→"组合"中的"组合"命令，将其组合为一个整体。

（2）"请勿哭泣保持微笑"标志的制作方法：单击"插入"→"形状"→"基本形状"→"禁止符"，按住 Shift 键画出正禁止符，设置填充颜色为红色，调整形状。单击"插入"→"形状"→"基本形状"→"笑脸"，按住 Shift 键画出笑脸，设置填充颜色为黄色，线条颜色不变，线条粗细为 2.25 磅；拖动笑脸上的黄色菱形，将其变成哭脸。单击"插入"→"形状"→"标注"→"云形标注"，画一个云形标注，设置填充颜色为 80%的橙色，形状轮廓为橙色，添加文字"请勿哭泣保持微笑"，设置字体颜色为红色并加粗。拖动哭脸图形到禁止符上，右击选择"置于底层"命令。拖动云形标注到禁止符上方，选中三个图形后组合为一个整体。

（3）SmartArt 图形的制作方法：单击"插入"→"SmartArt"→"棱锥图"→"基本棱锥图"。从第二行输入文字，键入文字后按 Enter 键，自动添加形状后输入相应文字。也可以单击"设计"→"添加形状"→"在后面添加形状"后输入文字。选择 SmartArt 图形，单击"设计"→"SmartArt 样式"→"更改颜色"→"彩色"进行设置，如设置为彩色中的第一种，"快速样式"下三维的卡通样式。

（4）光盘封面的制作方法：单击"插入"→"形状"→"基本形状"→"同心圆"，按住 Shift 键画出一个正的同心圆，拖动内圆的黄色菱形将内圆变小。单击"格式"→"形状样式"→"形状填充"→"图片"，插入一张图片。单击"格式"→"形状样式"→"形状效果"→"阴影"，选择"外部"的第一种阴影效果。

<注意事项>

图形的移动方法为拖动或使用光标键，微小移动为按 Ctrl+光标键。

【实训 2-5-3】　制作艺术字。

（1）制作福字，如图 2-23 所示。

（2）制作座位签，如图 2-24 所示。

（3）制作花儿文字，如图 2-25 所示。

<实训步骤>

（1）制作福字：单击"插入"→"艺术字"→"第 1 行第 1 列的艺术字样式"，输入"福"字，字体设置为华

图 2-23　实训 2-5-3 样文（一）

文行楷，100 号。单击"格式"→"艺术字样式"组，设置艺术字的文本填充颜色为红色，文本轮廓颜色均为黄色。复制艺术字后选中，单击"格式"→"排列"→"旋转"按钮下选择"垂直翻转"命令。效果如图 2-25 所示。

图 2-24　实训 2-5-3 样文（二）

图 2-25　实训 2-5-3 样文（三）

（2）制作座位签：先插入一个 2 行 1 列的表格并调整到合适大小。

在表格下方插入艺术字，选择第一个艺术字样式，输入姓名如"中国三沙"，字体设置

为华文行楷，设置艺术字的文本填充颜色为红色，文本轮廓颜色为黄色。复制一份艺术字，设置为垂直翻转。分别将之拖到表格中，设置整个表格为居中，表格中的单元格为中部居中即可，如图 2-24 所示。

(3)插入艺术字，选择艺术字样式一，输入"奖"字，设置字体为华文行楷，加粗。设置艺术字的填充颜色为红色，线条颜色为黄色。设置艺术字的"文字效果"为"阴影"中"外部"中的第一种。设置字号为 100 号。插入"花儿"图片，对图片进行裁剪，调整花儿尺寸，设置图片的环绕方式为浮于文字上方，移动图片与艺术字中的其中一个笔画重合，最后将艺术字和花儿组合在一起。同理制作"状"字或其他文字，如图 2-25 所示。

【实训 2-5-4】 使用文本框进行设计。

(1)使用文本框设计名片，如图 2-26 所示。

(2)使用文本框制作私人印鉴，如图 2-27 所示。

<实训步骤>

(1)使用文本框设计名片：单击"插入"→"文本框"→"绘制文本框"，绘制出名片的外框。在文本框内再绘制出一个文本框，输入文字，设置"形状填充"为无填充颜色，"形状轮廓"为无轮廓。复制几份无轮廓的文本框，输入其他相应文字并设置相应的字体、字号。插入"牛"的图片。

(2)使用文本框制作私人印鉴：画一个竖排文本框，输入姓名，"姓"如"王"或"许"输入后按 Enter 键，将"名"换入第 2 行。然后选中文本框中的文字，设置为华文行楷、36号，颜色为红色，对齐方式为居中，行距为固定值 30 磅。设置三字姓名中姓的字符缩放为200%，字号为 28 号。选择文本框，单击"格式"→"形状样式"，设置文本框的形状填充为无填充颜色；形状轮廓颜色为红色，线条粗细为 2.25 磅；文本框的宽度和高度都为 2.6 厘米。样文如图 2-27 所示。

图 2-26　实训 2-5-4 样文(一)

图 2-27　实训 2-5-4 样文(二)

实训项目六　表格制作

一、实训目的

(1)插入表格。

(2)绘制表格。

(3) 文本与表格的转换。

(4) 编辑表格。

(5) 表格数据的排序和计算。

二、实训内容

【实训 2-6-1】 插入、编辑表格。

(1) 制作 4 行 5 列表格，列宽 2 厘米，行高 0.7 厘米。设置表格边框为蓝色实线 1.5 磅，内线为蓝色实线 0.5 磅，表格底纹为浅绿色。存储文件为"实训 2-6-1.docx"。

(2) 将如图 2-32 所示的表格复制一份，然后将复制后的表格线改为黑色，底纹改为白色，第 3、4 列列宽改为 2.4 厘米，再将前二列的 1、2 行单元格合并为一个单元格，将第三列至第四列的 2～4 行拆分为 3 列。设置 2 个表格居中并保存文件。效果如图 2-28 所示。

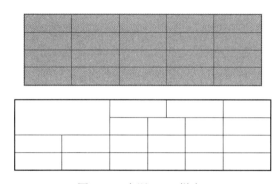

图 2-28　实训 2-6-1 样表

<实训步骤>

单击"插入"→"表格"，然后在"设计"、"布局"选项卡中进行设置。

【实训 2-6-2】 编辑设置表格。

新建文档"实训 2-6-2"，按照要求完成下列操作并保存文档。

(1) 制作一个 8 行 6 列的表格，设置表格列宽为 2 厘米、行高 0.6 厘米、表格居中；设置外框线为红色 1.5 磅双窄线，内框线为红色 1 磅单实线，第 1、2 行和 1、2 列间的表格线为红色 1.5 磅单实线。在第一个单元格中添加一条红色 0.75 磅单实线对角线。

(2) 设置表格第 4、7 行为茶色底纹。输入文字，并设置除第一个单元格外的所有内容水平居中。效果如图 2-29 所示。

星期 节数	星期一	星期二	星期三	星期四	星期五
1～2 节			英语		
3～4 节	计算机				数学
5～6 节			计算机		
7～8 节	英语				
9～10 节		数学			

图 2-29　实训 2-6-2 样表

<实训步骤>

单击"插入"→"表格",然后在"设计"、"布局"选项卡中进行设置。

【实训 2-6-3】 绘制表格。

新建文档"实训 2-6-3",按照要求完成下列操作并保存文档,如图 2-30 所示。

<实训步骤>

(1)单击"插入"→"表格"→"绘制表格",绘制一个 2 行 6 列的表格。然后在"布局"选项卡中设置行高、列高都为 0.7 厘米。在"设计"选项卡中设置如图 2-30 所示的 3 磅外框线,内框线设置为 0.5 磅的虚线,颜色设置为主题颜色中的白色,背景 1,深色 50%。使用"设计"选项卡上的"边框"按钮,分别为第 1 行奇数列和第 2 行的偶数列的单元格添加斜下框线;为第 1 行偶数列和第 2 行的奇数列的单元格添加斜上框线。设置表格中间的偶数列的右侧框线为实线。

(2)在米字格的下方插入艺术字"世",将字体设置为楷体,文本填充颜色和文本轮廓颜色为黑色,宽度和高度都为 2 厘米。复制艺术字"世"2 次,分别将文字改为"博"和"会"字。将文字移到合适的位置并组合。样文如图 2-30 所示。

【实训 2-6-4】 文本与表格的转换、计算和排序。

打开文档"实训 2-6-4-原文",按照要求完成下列操作并保存文档。样文如图 2-31 所示。

(1)将文中 3 行文字转换成一个 3 行 4 列的表格。

(2)设置表格居中,表格中所有文字水平居中。列宽为 2 厘米,行高为 0.6 厘米。

(3)在表格第一行上方插入一行,并输入标题 A、B、C、SUM。

(4)求出 SUM 列的值后对 SUM 值进行降序排列。

(5)应用一种表格样式(任选)。

图 2-30　实训 2-6-3 样表

A	B	C	SUM
7	8	9	24
4	5	6	15
1	2	3	6

图 2-31　实训 2-6-4 样表

<实训步骤>

(1)打开文档,选择所有内容,单击"插入"→"表格"→"文本转换成表格"。

(2)在"设计"和"布局"选项卡中进行设置。

第二部分　Word 2010 综合实训

综合实训一　文档排版

一、实训目的

(1) 文档内容的选择。

(2) 字符格式的设置。

(3) 段落格式的设置。

(4) 语法和拼写错误的修改。

二、实训要求

打开"综合实训 1-原文"文档，完成下列操作，效果如图 2-32 所示。

图 2-32　综合实训一样文

(1)设置背景图为"背景"。

(2)设置页边距上、下、左、右均为 2 厘米。

(3)插入图片"小猫",设置文字环绕方式为四周型环绕。

(4)插入"云形标注",设置形状填充为白色,输入文字"我也要成功!"字体设置为楷体、三号、加粗、蓝色。

(5)在文中相应的位置插入符号。

(6)在文中插入公式。

(7)将"但是究竟是什么阻碍了我们的成功?我认为是:"下面的内容加上编号,编号的样式为 i),ii),iii),…。

三、实训步骤

(1)打开文档"综合实训一-原文"。单击"页面布局"→"页面背景"→"页面颜色"→"填充效果",在"填充效果"对话框中设置如图 2-33 所示。

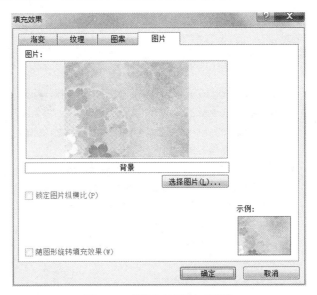

图 2-33　"填充效果"对话框

(2)设置页边距:单击"页面布局"→"页边距"→"自定义边距",在"页面设置"对话框中设置如图 2-34 所示。

(3)插入图片:单击"插入"→"图片"插入图片。单击"格式"→"排列"→"位置"→"其他布局选项",在"布局"对话框中进行设置,如图 2-35 所示。并将图片拖到到页面左下角。

(4)插入云形标注:单击"插入"→"插图"→"形状"→"标注"→"云形标注",拖到鼠标画出云形标注。单击"格式"→"形状样式"→"形状填充"设置为白色。输入文字并进行字符格式设置。

(5)插入符号:将光标定位到文档中第一行"耀眼"的后面,单击"插入"→"符号"→"其他符号",在"符号"对话框中选择字体,找到相应的符号后插入,如图 2-36 所示。同理插入第二段中的📖符号。

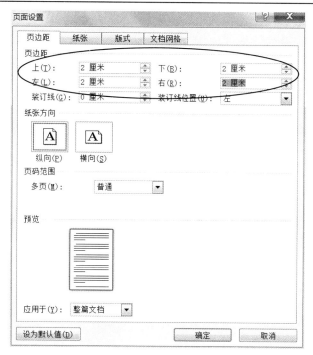

图 2-34　页边距设置

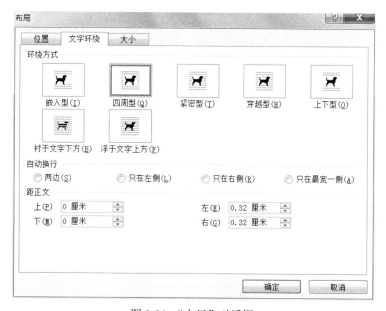

图 2-35　"布局"对话框

（6）插入公式：单击"插入"→"公式"，按照从左到右，从外到内的顺序输入公式内容，特殊符号和结构在"设计"选项卡中找，如图 2-37 所示。公式如图 2-38 所示。

（7）添加编号：将光标定位到"我认为是："后按 Enter 键，单击"开始"→"段落"→"编号"→"定义新编号格式"，在对话框中进行设置，如图 2-39 所示。在换行的位置按 Enter 键，自动产生其他编号。注意：若编号不对，重新选择一次编号。

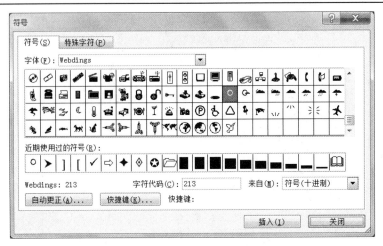

图 2-36 "符号"对话框

图 2-37 公式的"设计"选项卡

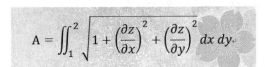

$$A = \iint_1^2 \sqrt{1 + \left(\frac{\partial z}{\partial x}\right)^2 + \left(\frac{\partial z}{\partial y}\right)^2} \, dx \, dy$$

图 2-38 输入的公式

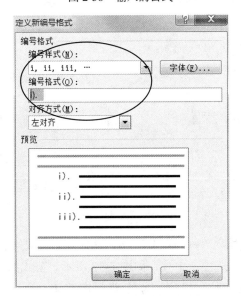

图 2-39 "定义新编号格式"对话框

(8)单页显示文档：单击"视图"→"显示比例"→"单页"，让文档在一页内显示。效果如图 2-32 所示。

综合实训二　文档高级排版

一、实训目的

(1)字符格式的设置。

(2)段落格式的设置。

(3)分栏的设置。

(4)图片的插入和设置。

(5)页眉和页脚的设置。

(6)页边距的设置。

(7)文档的保存。

二、实训要求

打开"综合实训二　第一趟班车-原文"文档，按要求进行设置，样文如图 2-40 所示。

图 2-40　综合实训二样文

(1)将标题设置为小初、隶书、蓝色、加粗、斜体、居中显示。

(2)将正文设置为宋体、五号、黑色、1.5 倍行距、首行缩进 2 个字符，分 2 栏显示。将最后一段的备注内容设置为小四、楷体、加粗，与正文之间空一行。

(3)将图片"父母和孩子"、"父母的爱"和"父母"三张图片插入文档，调整图片的高度都为 3.58 厘米，显示在文章的最后。并对"父母和孩子"和"父母"两张图片背景重新着色为蓝色、深红色等，使三张图片协调一致。

(4)将该篇文档加上页眉"第一趟班车"，以宋体、五号、居中、斜体显示；加上页脚"摘自小故事网的亲情故事版块"，以宋体、五号、居中、斜体显示。

(5)调整文档的页边距，上下边距为 2.6 厘米，左右边距为 3 厘米，使内容在一页内显示。

(6)忽略文中的语法错误后保存。

三、实训步骤

(1)设置标题：选择标题，设置为小初、隶书、蓝色、加粗、斜体、居中显示。

(2)设置正文：选择正文，设置为宋体、五号、黑色、1.5 倍行距、首行缩进 2 字符。在"开始"选项卡的"段落"对话框中可以设置首行缩进和行距的值，如图 2-41 所示。单击"页面布局"→"页面设置"→"分栏"按钮可以设置分两栏显示，如图 2-42 所示。

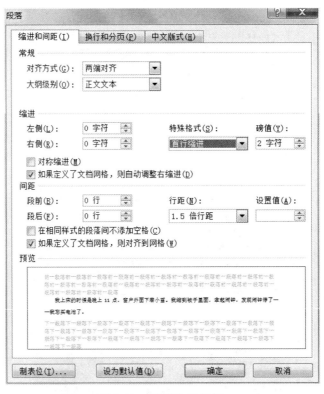

图 2-41 "段落"对话框

(3)选择最后一段的备注内容，将其设置为小四、楷体、加粗，与正文之间空一行。

(4)将图片"父母和孩子"、"父母的爱"和"父母"三张图片插入文档。分别选择图片，单击"格式"选项卡中的"大小"组，设置图片的高度为 3.58 厘米。选择"父母和孩子"图片，单击"格式"→"调整"→"颜色"→"重新着色"中的蓝色，如图 2-43 所示；同理调整"父母"图片颜色为红色。

图 2-42　分栏的设置

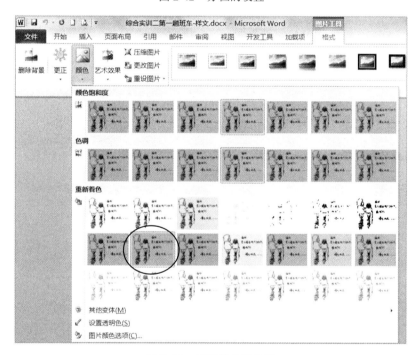

图 2-43　重新着色的设置

(5)设置页眉：单击"插入"→"页眉"→"编辑页眉"命令，在页眉处输入或粘贴"第一趟班车"，设置为宋体、五号、居中显示。插入页脚"摘自小故事网的亲情故事版"，设置为宋体、五号、居中、斜体。

(6)调整页边距：单击"页面布局"→"页边距"→"自定义边距"命令。在出现的"页面设置"对话框中设置页边距的上下边距均为 2.6 厘米，左右边距均为 3 厘米，如图 2-44 所示。

(7)忽略错误：单击"审阅"→"校对"→"拼写和语法"按钮，由于文中语句为中文的正确用法，所以单击"全部忽略"按钮忽略错误，如图 2-45 所示。

图 2-44　页边距设置

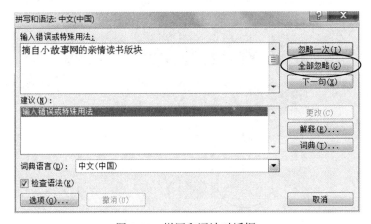

图 2-45　拼写和语法对话框

综合实训三　聘书制作

一、实训目的

(1) 页面的设置。

(2) 特殊符号的插入。

(3) 日期和时间的插入。

(4) 字符格式、段落格式的设置。

(5) 页面背景的设置。

(6) 边框、页面边框的设置。

(7) 水印的制作。

(8) 图片的处理。

(9) 艺术字的制作。

(10) 自选图形的设置。

(11) 对象的组合。

(12) 叠放次序的设置。

二、实训要求

(1) 新建文件。

(2) 将页面设置为横向。

(3) 按样文输入聘书一文的内容。

(4) 设置字符格式：标题为繁体、隶书、120 号；正文为宋体、一号、加粗。

(5) 设置段落格式：首行缩进为 2 字符；文本对齐方式为标题居中，正文两端对齐，最后两行为右对齐。

(6) 设置合适的显示比例，使内容刚好在一页内显示。

(7) 设置页面背景为纹理中的信纸。设置如图 2-46 所示的页面艺术边框。

图 2-46　聘书样文

(8) 设置页面的文字水印。

(9) 删除页眉上的横线。

(10) 将志愿者标志图片插入或复制到聘书一文中，设置为透明底色。

(11) 新建一个文档用于绘制电子图章。外边框为圆，无填充颜色，线条颜色为红色，线条粗细为 3 磅，大小为 4.2 厘米×4.2 厘米。

(12) 绘制一个五角星，填充颜色和线条颜色都为红色，大小为 1 厘米×1 厘米。

(13) 印章文字是艺术字，填充颜色为红色，无线条颜色，大小为 4 厘米×4 厘米，字号四号，文字效果为转换中的跟随路径的第一种。

(14)将印章文字复制一份，修改文字为印章编号，文字效果为转换中的跟随路径的第二种。

(15)将各个图形对象组合起来作为一个完整的电子图章。

(16)将电子图章复制到聘书一文中并拖动到合适的位置。

(17)保存文档。

三、实训步骤

(1)启动 Word 2010，自动新建一个文档。

(2)设置页面为横向：单击"页面布局"→"页面设置"→"纸张方向"→"横向"。

(3)输入内容：聘书内容如图 2-47 所示。输入日期时注意○的输入，方法一：直接通过拼音输入法(如搜狗)输入拼音"ling"后选择"○"。方法二：单击"插入"→"符号"→"符号"按钮，单击"○"，如图 2-48 所示。方法三是"插入"→"文本"→"日期和时间"，此方法仅插入当前日期。

> 聘书
> 贝贝同志：
> 兹聘请你为第二十九届北京奥运会啦啦队志愿者！
> 第二十九届北京奥运会组委会
> 二○○八年三月二十八日

图 2-47　聘书内容

(4)设置字符格式：繁体的设置方法为选择"聘书"，在"审阅"→"中文简繁转换"→"简转繁"，如图 2-49 所示。在"开始"选项卡中设置标题为隶书，在字号框中输入 120 后按 Enter 键。

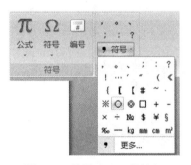

图 2-48　符号"○"的输入

图 2-49　中文简繁转换

(5)设置段落格式：单击"兹聘请你为……"段中的任一位置，在"段落"对话框中设置为首行缩进 2 字符，如图 2-50 所示；标题对齐方式为居中，正文两端对齐，最后两行为右对齐。

(6)设置显示比例：上一步设置后聘书内容在屏幕上显示不完全，所以更改显示比例以便把内容在一页内完整地显示出来。单击"视图"→"显示比例"→"单页"，如图 2-51 所示。或者单击"视图"→"显示比例"→"显示比例"，在"显示比例"对话框中将显示比例调整为合适的比例(如 60%)，如图 2-52 所示。为了使显示效果更好，建议在"啦啦队志愿者！"的后面按 Enter 键，空一行。聘书的初步效果如图 2-53 所示。

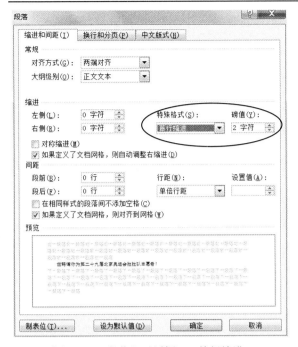

图 2-50 "段落"对话框——首行缩进 | 图 2-51 "视图"选项卡中的"显示比例"组

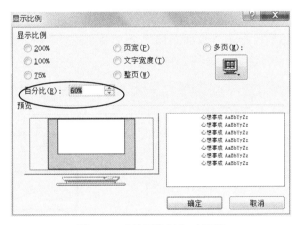

图 2-52 "显示比例"对话框

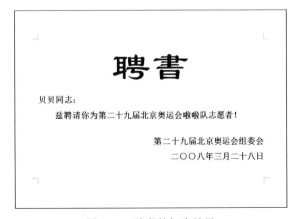

图 2-53 聘书的初步效果

（7）设置页面背景：单击"页面布局"→"页面背景"→"页面颜色"→"填充效果"，在"填充效果"对话框中的"纹理"选项卡下选择信纸，如图 2-54 所示。

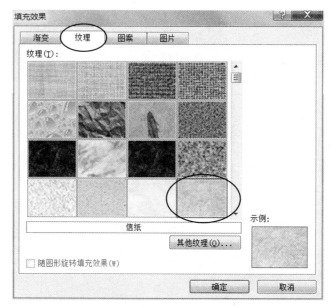

图 2-54　"填充效果"对话框

（8）设置页面艺术边框：单击"页面布局"→"页面背景"→"页面边框"，在"边框和底纹"对话框中设置页面边框，如图 2-55 所示。

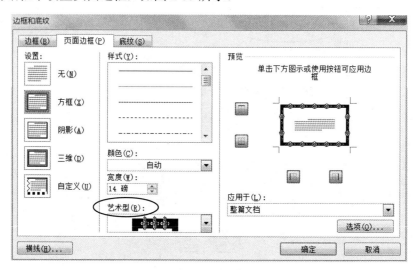

图 2-55　"边框和底纹"对话框

（9）设置文字水印：单击"页面布局"→"页面背景"→"水印"→"自定义水印"，在"水印"对话框中设置文字水印：文字为"第二十九届北京奥运会"；字体为隶书；颜色为红色，如图 2-56 所示。水印的本质为页眉和页脚中的艺术字。单击"插入"→"页眉"→"编辑页眉"命令或者双击页眉处，进入页眉页脚编辑状态，选择水印，复制 2 份到相应的位置。单击"设计"→"关闭"→"关闭页眉和页脚"退出页眉和页脚编辑状态。

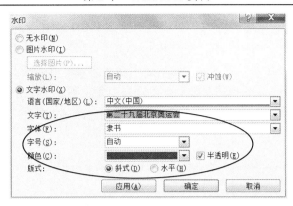

图 2-56　"水印"对话框

(10)删除页眉上的横线：单击"插入"→"页眉"→"编辑页眉"或者双击页眉处，进入页眉和页脚编辑状态。选中页眉横线上方的段落标记，如图 2-57 所示，然后单击"开始"→"段落"→"框线"按钮下的"无框线"命令，如图 2-58 所示。最后单击"设计"→"关闭"→"关闭页眉和页脚"按钮退出页眉和页脚编辑状态。

图 2-57　选择页眉上的段落标记

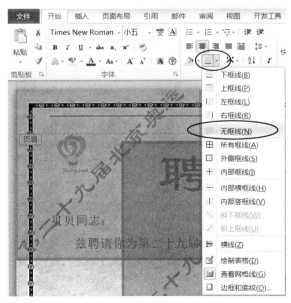

图 2-58　页眉框线的删除

（11）将"北京奥运会志愿者标志"图片插入到聘书中：单击"格式"→"排列"→"位置"→"其他布局选项"，在"布局"对话框中单击"文字环绕"→"浮于文字上方"后单击"确定"按钮，如图 2-59 所示。或者右击图片后，在快捷菜单中选择"大小和位置"→"文字环绕"→"浮于文字上方"，然后将其拖动到页面左上角位置。选择图片，单击"格式"→"调整"→"颜色"→"设置透明色"，然后单击图片的白色区域，如图 2-60 所示。样文效果如图 2-61 所示。

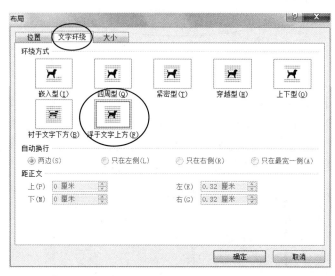

图 2-59　文字环绕设置

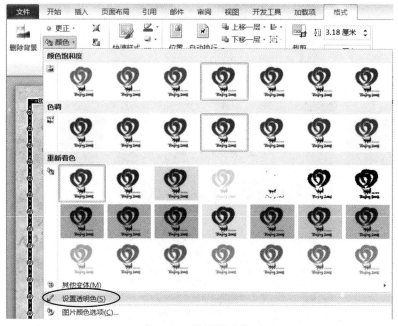

图 2-60　设置透明色

（12）单击 Word 软件左上角的"保存"按钮保存文件。

（13）新建文档用于制作电子图章：新建一个空白文档。单击"视图"→"显示比例"→"100%"按钮，将文档的显示比例调整为 100%显示。

图 2-61　聘书样文

(14)绘制电子图章：电子图章的外边框为正圆，单击"插入"→"插图"→"形状"→"基本形状"→"椭圆"，在文档中画出一个正圆。选择正圆，在"格式"→"形状样式"中设置形状填充为无填充颜色，形状轮廓设置为红色，粗细为 3 磅。在"格式"→"大小"中设置宽度为 4.2 厘米，高度为 4.2 厘米。

(15)绘制五角星：单击"插入"→"形状"→"星与旗帜"→"五角星"，在文档中绘制出一个五角星。选择五角星，在"格式"→"形状样式"中设置形状填充为红色。形状轮廓设置为红色。在"格式"→"大小"中设置宽度为 1 厘米，高度为 1 厘米。将五角星拖到圆的正中。

(16)制作印章文字：印章文字是艺术字，单击"插入"→"文本"→"艺术字"按钮下的第一种样式，输入文本"第二十九届北京奥运会组委会"。选择艺术字，在"格式"→"艺术字样式"中将文本填充设置为红色，文本轮廓设置为红色。在"格式"→"大小"中设置宽度为 4 厘米，高度为 4 厘米。设置艺术字的字号为四号。选择艺术字，单击"格式"→"艺术字样式"→"文字效果"→"转换"→"跟随路径"中的第一种。右击艺术字，选择"设置形状格式"，在对话框中将文本框的内部边距设置为 0 厘米，如图 2-62 所示。

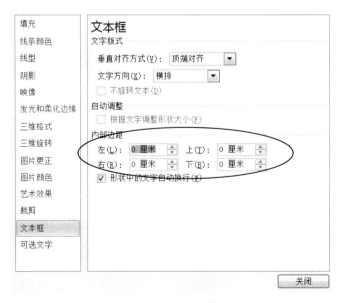

图 2-62　设置形状格式

(17)将印章文字复制一份，将文字改为印章的 18 位编码（如"123456789123456789"）。选择艺术字后单击"格式"→"艺术字样式"→"文字效果"→"转换"→"跟随路径"中的第二种。将艺术字拖到印章中相应的位置。

(18)按住 Shift 键选择各个图形对象后右击，在快捷菜单中选择"组合"命令将各个对象组合起来作为一个完整的电子图章，图章效果如图 2-63 所示。将图章复制后粘贴到聘书一文中相应的位置，单击"保存"按钮保存文档，完成后的聘书效果如图 2-64 所示。

图 2-63　电子图章样文　　　　　　　　　　　图 2-64　完成后的聘书

综合实训四　邮件合并

一、实训目的

(1)表格的制作。

(2)邮件合并任务窗格的使用。

(3)邮件合并工具栏的使用。

二、实训要求

(1)制作邮件合并的主文档：打开"综合实训三"中的聘书文档，删除聘书中变化的内容，另存为聘书主文档。

(2)制作邮件合并的数据源：制作志愿者表格并保存。样表如图 2-65 所示。

姓名	类别
贝贝	拉拉队志愿者
晶晶	城市志愿者
欢欢	社会志愿者
迎迎	联合国志愿者
妮妮	赛会志愿者

图 2-65　志愿者表

(3)使用邮件合并任务窗格或邮件合并工具栏合并文档。

(4)保存合并文档。样文如图 2-66 所示。

图 2-66　显示比例为 10%的合并文档样文

三、实训步骤

(1)制作邮件合并的主文档。邮件合并的主文档就是文档中不变的内容。打开综合实训项目三中制作的聘书文档。按 Backspace 键或 Delete 键删除变化的内容(如贝贝、拉拉队志愿者),将文档另存为聘书主文档。主文档样文如图 2-67 所示。

图 2-67　主文档样文　　　　　　　　　图 2-68　插入表格

(2)制作邮件合并的数据源表格:新建一个空白文档,单击"插入"→"表格"后拖出 2 列 6 行的表格后放开,产生一个 2×6 的表格,如图 2-68 所示。输入表格内容。选择表格右下角的"按比例缩放"按钮对表格进行整体缩放;选择表格左上角的"选择"按钮选中整个表格,单击"开始"→"段落"→"居中"设置表格对齐方式为居中,单击"布局"→"对齐方式"→"水平居中"使表格内容居中,如图 2-69 所示。将文档保存为志愿者表,关闭该文档。

图 2-69　设置表格内容为中部居中

(3)使用"邮件合并"任务窗格合并文档:单击"邮件"→"开始邮件合并"→"邮件合并分步向导",如图 2-70 所示,在 Word 右侧出现"邮件合并"任务窗格,如图 2-71 所示。第一、二步默认,第三步选择收件人,单击"浏览"按钮,选择前面建立的数据源"志愿者表"。第四步撰写信函:将光标定位于聘书中"同志"的前面,选择"其他项目",在"插入合并域"对话框中选择"姓名"后单击"插入"按钮后关闭对话框,如图 2-72 所示;将光标定位于聘书中下一个要插入内容的地方,同理插入相应的合并域;依次将所有合并域插入完成。第五步预览信函:查看有无需修改的地方进行修改,改好后进入下一步。最后一步为完成合并:若计算机连接有打印机可直接单击"打印"命令送打印机打印;若无打印机可选择"编辑单个信函"命令,在"合并到新文档"对话框中选择"全部"单选按钮后单击"确定"按钮,如图 2-73 所示。若背景消失,可单击"页面布局"→"页面背景"→"页面颜色"→"填充效果"添加纹理中的"信纸"。最后将合并后的文档另存为学号+姓名+聘书合并后文档。显示比例调整为 10%,合并文档样文如图 2-66 所示。

图 2-70 "开始邮件合并"按钮

图 2-71 "邮件合并"任务窗格

图 2-72 "插入合并域"对话框

图 2-73 "合并到新文档"对话框

(4)使用邮件合并工具栏按钮合并文档:首先,打开聘书主文档,单击"邮件"→"开始邮件合并"按钮下的选择主文档类型(此处主文档类型为"普通 Word 文档"),如图 2-74 所示。单击"邮件"→"选择收件人"→"使用现有列表"命令,选择前面建立的数据源"志愿者表",如图 2-75 所示。将光标定位于聘书中"同志"的前面,单击"插入合并域"按钮,选择相应的合并域"姓名",如图 2-76 所示。接着,将光标定位于聘书中下一个要插入内容的地方,插入相应的合并域,依次将所有合并域插入。单击"预览结果"按钮预览结果,如图 2-77 所示。最后,单击"完成并合并"按钮中的"编辑单个文档"命令完成合并,如图 2-78 所示。若背景消失，可单击"页面布局"→"页面背景"→"页面颜色"添加填充效果。将合并后的文档另存为学号+姓名+聘书合并后文档。

图 2-74 选择主文档类型   图 2-75 选择收件人   图 2-76 插入合并域姓名

图 2-77 "预览结果"按钮   图 2-78 "完成并合并"按钮

【课外实训】 邮件合并课外练习——制作信封。

要打印一批信封，其内容大同小异，其中收信人邮编、收信人地址、收信人及收信人职称不同。需要使用 Word 的邮件合并功能自动生成信封内容，其中一个信封的效果如图 2-79 所示。

提示：首先通过 Word 2010 中的"邮件"→"创建"→"中文信封"命令，在"信封制作向导"对话框中，选择"国内信封-B6"，输入寄信人信息来制作信封。插入邮编合并域。输入"学校"两个字，并插入学校合并域。输入"收件人"三个字。插入姓名、职称合并域。

图 2-79 信封样文

综合实训五　邮件合并高级设置

一、实训目的

(1) 设置页面格式。

(2) 设置页眉和页脚。

(3) 设置分栏、分页、分节。

(4) 打印设置与输出。

二、实训要求

请参照文档"成绩通知单",利用 Word 邮件合并功能,制作每位学生的成绩通知单。如果有不及格的科目,要显示相应科目的补考时间与地点信息。补考时间和地点信息见文档"补考时间与地点"。样文如图 2-80～图 2-82 所示。

课程名称	分数	补考时间与地点
计算机基础		
大学美育		
大学英语		
思想道德修养		
军事理论		
大学数学		
计算机网络		
C 语言程序设计		
名次		

图 2-80　主文档样文

课程名称	分数	补考时间与地点
计算机基础	88	——
大学美育	83	——
大学英语	29	2015-9-20 13:00-14:00 二教 302
思想道德修养	34	2015-9-20 15:00-16:00 七教 306
军事理论	84	
大学数学	77	
计算机网络	52	2015-9-22 10:00-11:00 七教 101
C 语言程序设计	60	——
名次	10	

图 2-81　预览效果

三、实训步骤

(1) 输入标题,将其设置为宋体、三号、加粗。选择标题后单击"开始"→"段落"→"边框"→"边框和底纹",在"边框和底纹"对话框中设置相应的样式,在预览中只保留下面的线条,如图 2-83 所示的设置。

图 2-82　合并文档样文(其中三页)

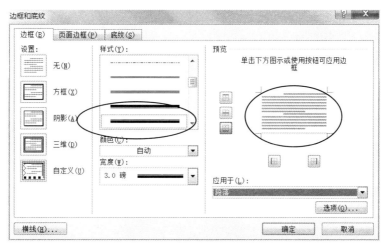

图 2-83　"边框和底纹"对话框

(2)输入"姓名……年级：2014"等内容，将其设置为宋体，小四，加粗，居中。

(3)单击"插入"→"表格"→"插入表格"插入 10 行 3 列的表格，如图 2-84 所示。输入内容，设置为四号、宋体，标题加粗。选择"名次"后的 2 个单元格，单击"布局"→"合并"→"合并单元格"合并相应的单元格。选择整个表格，设置表格内容的对齐方式为中部居中。将文档保存为成绩通知单主文档。

图 2-84　"插入表格"对话框

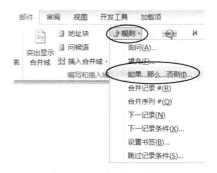

图 2-85　"规则"按钮

(4)成绩表见文档"2014～2015年第二学期期末考试成绩"。

(5)打开"成绩通知单主文档",单击"邮件"→"开始邮件合并"→"普通 Word 文档"命令。单击"选择收件人"按钮打开数据源文件"2014～2015年第二学期期末考试成绩";单击"插入合并域"按钮插入姓名、学号、各科成绩和名次的合并域。选择"计算机基础"科目后的"补考时间与地点"单元格,单击"规则"→"如果…那么…否则…"命令,如图 2-85 所示,在出现的"插入 Word 域:IF"对话框中进行如图 2-86 或图 2-87 所示的设置,小于60分的补考时间与地点从文件"补考时间与地点.txt"中复制后粘贴,其余的内容自己输入。同理设置其他科目的补考时间与地点,"军事理论"和"大学数学"科目没有补考,所以不设置。

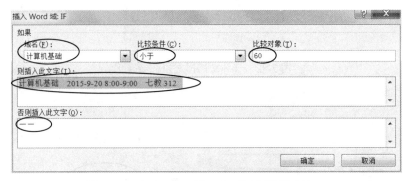

图 2-86 "插入 Word 域:IF"对话框设置方法一

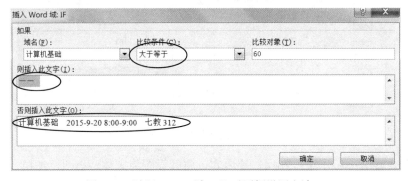

图 2-87 "插入 Word 域:IF"对话框设置方法二

(6)单击"预览结果"按钮预览结果。单击"完成并合并"→"编辑单个文档"后确定。将合并后的文档另存为成绩通知单合并文档。

综合实训六　长文档排版

一、实训目的

(1)使用样式。

(2)制作目录。

(3)插入脚注、尾注。

(4)设置页眉和页脚。

(5)制作 SmartArt 图形。

(6) 制作艺术字。

(7) 使用文本框。

(8) 制作表格。

二、实训要求

请参照文档“实训六样文”，对“实训六原文”按要求排版并保存，样文如图 2-88 所示。具体要求如下：

(1) 正文标题：宋体，小一。

(2) 标题一：宋体，小四，段前 0.5 行，段后 0.5 行，单倍行距。

(3) 标题二：宋体，五号，段前段后 0 行，行距为 1.5 倍行距。

(4) 标题三：宋体，五号，加粗，首行缩进 2 字符，段前、段后 0 行，单倍行距。

(5) 为文档制作目录。

(6) 根据素材中“英文学习中的注释”一节为文档增加英文翻译效果。

(7) 根据素材中“脚注和尾注”一节为文档增加脚注和尾注。

(8) 按素材要求为文档增加页眉和页脚：第一页页眉为“OFFICE 办公自动化高级应用实训”，以后各页页眉为“WORD 的五个常用功能”。页脚显示页码。

(9) 插入图片“图 7-1.jpg”。

(10) 按样文要求完成座签设计、教学流程 SmartArt 图形、名片设计和表格设计个人简历。

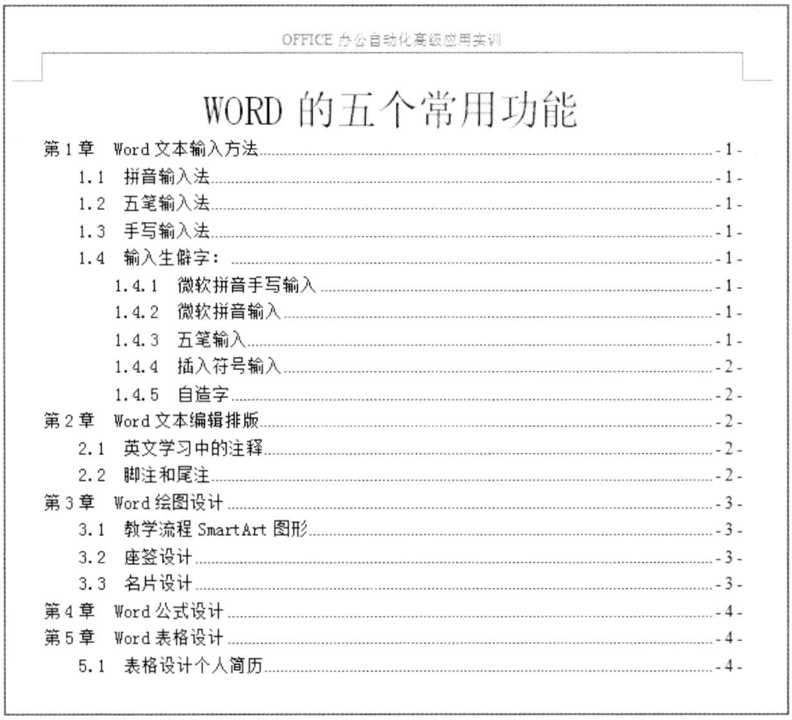

OFFICE 办公自动化高级应用实训

WORD 的五个常用功能

第 1 章　Word 文本输入方法 .... - 1 -
1.1　拼音输入法 .... - 1 -
1.2　五笔输入法 .... - 1 -
1.3　手写输入法 .... - 1 -
1.4　输入生僻字： .... - 1 -
1.4.1　微软拼音手写输入 .... - 1 -
1.4.2　微软拼音输入 .... - 1 -
1.4.3　五笔输入 .... - 1 -
1.4.4　插入符号输入 .... - 2 -
1.4.5　自造字 .... - 2 -
第 2 章　Word 文本编辑排版 .... - 2 -
2.1　英文学习中的注释 .... - 2 -
2.2　脚注和尾注 .... - 2 -
第 3 章　Word 绘图设计 .... - 3 -
3.1　教学流程 SmartArt 图形 .... - 3 -
3.2　座签设计 .... - 3 -
3.3　名片设计 .... - 3 -
第 4 章　Word 公式设计 .... - 4 -
第 5 章　Word 表格设计 .... - 4 -
5.1　表格设计个人简历 .... - 4 -

图 2-88　长文档排版样文

三、实训步骤

(1) 选择正文标题，设置为宋体、小一。

（2）设置样式：首先根据样文目录确定标题 1、标题 2 和标题 3，目录中最左侧的是标题 1，缩进一级的是标题 2，再次缩进的是标题 3。设置标题 1 的第一种方法是，选择确定好的标题 1 文字"第 1 章　Word 文本输入方法"，单击"开始"→"样式"→"标题 1"，如图 2-89 所示，并按要求设置为宋体、小四，段前 0.5 行，段后 0.5 行，单倍行距。注意：设置段前间距时，若单位不同，直接输入内容"0.5 行"即可。同时注意到"段落"对话框中的大纲级别变成了 1 级。设置标题 1 的第二种方法是，直接设置相应的字符格式和段落格式，同时设置"段落"对话框中的大纲级别为 1 级，如图 2-90 所示。标题 1 文字"第 1 章　Word 文本输入方法"设置好了后，双击"开始"→"剪贴板"→"格式刷"，如图 2-91 所示，再去单击具有相同格式的其他标题 1 文本。

图 2-89　"标题 1"按钮

（3）选择标题 2 文字"1.1　拼音输入法"，单击"开始"→"样式"→"标题 2"，并按要求设置字符格式和段落格式。双击"开始"→"剪贴板"→"格式刷"，再去单击具有相同格式的其他标题 2 文本。

图 2-90　"段落"对话框——大纲级别的设置

（4）选择标题 3 文字"1.4.1　微软拼音手写输入"，单击"开始"→"样式"→"标题 3"，并按要求设置字符格式和段落格式，然后用"格式刷"按钮刷格式。若在"开始"→"样式"中未找到"标题 3"按钮，可以单击"样式对话框"按钮，单击"选项"命令，在"样式窗格选项"对话框中选择"在使用了上一级别时显示下一标题"后确定，就可以在"开始"→"样式"中找到"标题 3"了，如图 2-92 所示。

图 2-91　"格式刷"按钮

图 2-92　"样式窗格选项"对话框

(5)制作目录：参照样文，目录页和正文的页眉和页脚不同，需要插入分节符。将光标定位于"第 1 章　Word 文本输入方法"的前面，单击"页面布局"→"页面设置"→"分隔符"→"分节符"→"下一页"。将光标定位于正文标题的后面，先换行再单击"引用"→"目录"→"目录"→"插入目录"，在"目录"对话框中设置为默认设置，单击"确定"按钮即可，如图 2-93 所示。

提示：若插入的不是分节符，而是单击"插入"→"页"→"分页"按钮将标题与正文分开，抽出目录后的补救方法是，将光标定位于目录后面，单击"页面布局"→"页面设置"→"分隔符"→"分节符"→"连续"，才能设置不同的页眉和页脚。

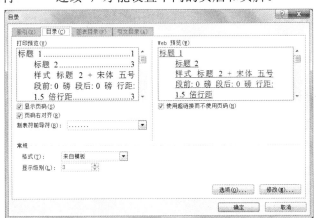

图 2-93　"目录"对话框

(6)快速访问文档内容的方法：将光标定位到目录中的任意位置(如"英文学习中的注释"一行中)，出现如图 2-94 所示的链接提示，根据提示按住 Ctrl 键并单击可快速访问文档中的相应内容。也可以单击"视图"→"显示"→"导航窗格"，在出

图 2-94　链接提示

现的导航窗格中单击需要访问的标题，也可以快速访问文档中的内容。

(7)翻译：将光标定位到需要翻译的英文单词处，单击"审阅"→"语言"→"英语助手"，出现信息检索，如图 2-95 所示，复制里面的中文解释到文中并加上小括号。选择中文解释，单击"开始"→"段落"→"中文版式"→"双行合一"使选择的内容双行合一，如图 2-96 所示。

图 2-95　信息检索

(8) 为文档增加脚注和尾注：选择文中"脚注"一词，单击"引用"→"脚注"→"插入脚注"，在插入的脚注序号后面输入或粘贴相应的脚注内容。选择"尾注"一词，单击"引用"→"脚注"→"插入尾注"，在插入的尾注序号后面输入或粘贴相应的尾注内容。

(9) 设置页眉和页脚：将光标定位到目录页中，单击"插入"→"页眉和页脚"→"页眉"→"编辑页眉"，进入"页眉和页脚"编辑状态，在目录上面的页眉处输入或粘贴"OFFICE 办公自动化高级应用实训"内容。将光标定位到正文第一页上面的页眉处，确认目录为第 1 节，正文为第 2 节。单击"设计"→"导航"→"链接到前一条页眉"，如图 2-97 所示，去掉正文页眉处"与上一节相同"的提示。在正文页眉处输入或粘贴"WORD 的五个常用功能"页眉内容。单击"设计"→"导航"→"转至页脚"或滚动鼠标将光标移动到正文的页脚，单击"设计"→"导航"→"链接到前一条页眉"，去掉正文页脚处"与上一节相同"的提示。单击"插入"→"页眉和页脚"→"页码"→"设置页码格式"，在"页码格式"对话框中设置编号格式和起始页码，如图 2-98 所示。再次单击"插入"→"页眉和页脚"→"页码"→"页面底端"→"普通数字二"。单击"设计"→"关闭"→"关闭页眉和页脚"按钮退出页眉页脚编辑状态。

图 2-96　中文版式

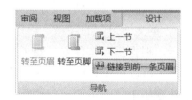

图 2-97　取消"与上一节相同"的提示的按钮

(10) 插入图片：将光标移到"1.4.4 节"中要插入图片的位置"——查找"后按 Enter 键换行，单击"插入"→"插图"→"图片"，找到要插入的图片(图 7-1.jpg)后插入，单击"居中"按钮。输入"图 7-1"并调整"图 7-1"的大小。

(11)制作教学流程 SmartArt 图形:将光标移到要制作 SmartArt 图形的位置,单击"插入"→"插图"→"SmartArt",在"选择 SmartArt 图形"对话框中选择层次结构下的层次结构,如图 2-99 所示。输入相应的文本。如果形状不够,可以直接按 Enter 键或右击后选择"添加形状"中的相应命令。输完文本,选择整个 SmartArt 图形,单击"设计"→"SmartArt 样式"→"更改颜色"按钮选择颜色。单击"设计"→"SmartArt 样式"→"其他"→"三维"中选择 SmartArt 三维样式。单击"设计"→"布局"→"更改布局"换成其他布局。其中一种效果如图 2-100 所示。

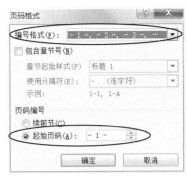

图 2-98　"页码格式"对话框

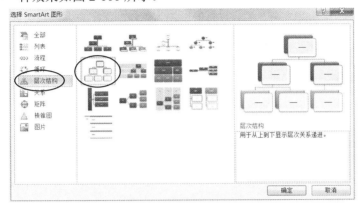

图 2-99　"选择 SmartArt 图形"对话框

图 2-100　教学流程 SmartArt 图形的效果图

(12)座签设计:先插入一个 2 行 1 列的表格并调整到合适大小。在表格下方插入艺术字,选择第一个艺术字样式,键入"主持人",字体设置为华文行楷。在"格式"→"艺术字样式"中设置艺术字的文本填充颜色为黑色,文本轮廓为无轮廓。复制一份艺术字,选择其中一份艺术字,在"格式"→"排列"→"旋转"按钮下设置为"垂直翻转",如图 2-101 所示。分别将艺术字拖到表格中,设置整个表格为居中,表格中的单元格内容为水平居中,如图 2-102 所示。

图 2-101　"旋转"按钮

图 2-102　座签样文

(13) 名片设计：单击"插入"→"文本框"→"绘制文本框"，绘制出名片的外框。在文本框中绘制一个小的文本框，输入"教育部教育管理信息中心"，设置为隶书、五号、加粗，设置"形状填充"为无填充颜色，"形状轮廓"为无轮廓。将刚绘制的文本框复制 2 份，将文本框的内容分别修改为姓名和其他信息。设置姓名为华文彩云、三号、加粗。设置地址等信息为宋体、五号，拖到相应的位置。插入图片，将所有文本框组合为一个整体。名片设计效果如图 2-103 所示。

(14) 设计个人简历：单击"插入"→"表格"按钮插入 9 行 5 列的表格，选择前 4 行第 5 列的 4 个单元格，单击"布局"→"合并"→"合并单元格"将其合并。同理合并第 5 行、第 7~9 行的第 2~5 列的 4 个单元格。选择第 6 行的第 2~5 列的 4 个单元格，单击"布局"→"合并"→"拆分单元格"将其拆分为 5 行 3 列，选择"拆分前合并单元格"选项后确定，如图 2-104 所示。输入表格内容并设置整个表格居中和表格内容中部居中。选择第 6~9 行的第 1 个单元格，单击"布局"→"对齐方式"→"文字方向"设置为纵向的文字方向。效果如图 2-105 所示。

图 2-103　名片设计样文

图 2-104　"拆分单元格"对话框

个人简历

姓　　名		性　　别		贴照片处
政治面貌		婚姻情况		
专　　业		学　　历		
联系电话		电子邮件		
联系地址				
受教育经历	时间	地点	备注	
社会实践经历				
技能水平				
自我描述				

图 2-105　表格效果图

(15) 将光标定位到目录处，右击后弹出的快捷菜单中选择"更新域"命令，在"更新目录"对话框中进行设置后单击"确定"按钮，如图 2-106 所示。

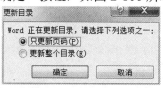

图 2-106　"更新目录"对话框

第三部分　Word 2010 创新实训

创新实训一　制作封面

一、实训目的

(1)文本框的使用。

(2)渐变颜色的设置。

(3)透明度的设置。

二、实训要求

参照样文，使用 Word 制作"新概念英语封面"。样文如图 2-107 所示。

图 2-107　创新实训一样文

三、实训步骤

(1) 设置页面背景：单击"页面布局"→"页面颜色"→"填充效果"，在对话框中选择"图案"选项卡，设置前景色为橙色，背景色为黄色，如图 2-108 所示。

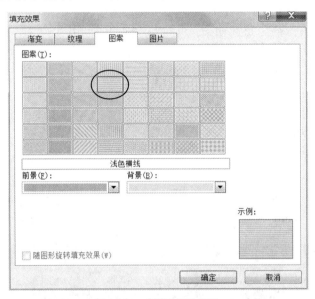

图 2-108　设置页面背景

(2) 插入矩形：单击"插入"→"形状"→"矩形"，设置形状填充颜色为自定义颜色，透明度为 30%，如图 2-109 所示。复制一份到页面底端。在页面右下角插入一个正圆（按 Shift 键绘制），设置如图 2-109 相同的颜色和透明度。

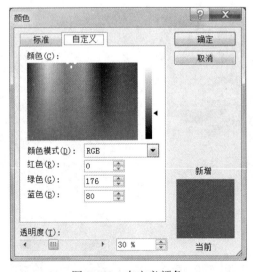

图 2-109　自定义颜色

(3) 插入图形：插入一个同心圆，按住黄色菱形调整同心圆，设置同心圆形状填充为橙色，无轮廓。复制一份，设置形状填充为白色，下移一层，调整位置如样文第一个同心圆所示。组合 2 个同心圆。复制组合后的同心圆一份，按 Shift 键调整小一点。插入一个正圆，调整大小放入同心圆内，设置形状填充为渐变，渐变光圈位置 0 处为白色，50%和 100%处为蓝色，如图 2-110 所示，无轮廓。复制圆一份，修改 50%和 100%处为橙色，强调文字颜色 6，深色 25%。将同心圆和同心圆内的圆组合。复制 2 份小一点的组合图形，分别移动到下面相应的位置。效果如图 2-111 所示。

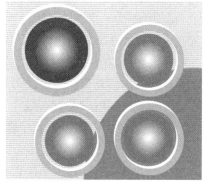

图 2-110　渐变设置　　　　　　　　　　图 2-111　同心圆和圆的效果

（4）设置"朗文"文本框：单击"插入"→"文本框"插入一个横向文本框，输入文字"朗文"，设置为宋体、初号、加粗。在"格式"选项卡中设置文本框样式的形状填充为无填充颜色，形状轮廓为无轮廓；设置艺术字样式的文本填充为红色，文本轮廓为红色。

（5）设置"外研社"文本框：复制"朗文"文本框后，将文字改为"外研社"，设置为黑体、28 号、加粗，设置艺术字样式的文本填充为黑色，文本轮廓为黑色。

（6）设置"新概念英语"文本框：复制"朗文"文本框后，将文字改为"新概念英语"，设置为黑体、72 号、加粗。艺术字样式文本填充设置为渐变，渐变光圈位置 0 处为绿色，75%处为橙色，强调文字颜色 6，深色 50%，100%处为红色，如图 2-112 所示。艺术字的文本轮廓为绿色，粗细为 1.5 磅。

图 2-112　艺术字渐变设置

(7) 设置"编著者"文本框：复制"外研社"文本框，输入编著者文字，设置为小二号，取消加粗，艺术字样式中的文本轮廓为无轮廓。

(8) 设置"New Edition 新版"文本框：复制"朗文"文本框，输入"New Edition 新版"，设置为二号，取消加粗；设置文本框形状填充为渐变，方向为线型向右，渐变光圈位置 0 处为绿色，75%处为淡绿色，100%处为黄色；无轮廓；艺术字样式文本填充为白色，文本轮廓为白色；设置字符缩放为 150%。

(9) 设置"NEW CONCEPT ENGLISH"文本框：复制"外研社"文本框，输入英文，设置为小初，取消加粗；艺术字样式文本填充为红色，文本轮廓为红色。

(10) 设置"*1*"文本框：复制"朗文"文本框，输入"1"，设置为 140 号、加粗、倾斜；设置艺术字样式文本填充为绿色，文本轮廓为绿色。

(11) 设置"出版社"文本框：复制"外研社"文本框，输入出版社名称，设置为 20 号；艺术字样式文本填充为深蓝色，文本轮廓为无轮廓。

(12) 设置"LONGMAN 朗文"文本框：复制"出版社"文本框，输入文字，设置为华文新魏，字符缩放为 130%；艺术字样式文本填充为蓝色。

(13) 设置第一个圆中的文字：插入艺术字，选择 1 行 5 列的样式，输入"First"，设置字体为 Arial Black、小初；艺术字样式文本填充为白色，文本轮廓为白色。复制一份，输入"Things First"，设置为 28 号，艺术字样式的文本效果为"转换"→"弯曲"→"停止"。复制"Things First"一份，输入"英语初阶"文字，设置为黑体，艺术字样式的文本效果为"转换"→"弯曲"→"正 V 形"。整体效果如图 2-107 所示。

创新实训二　制作表格

一、实训目的

(1) 表格的制作。

(2) 开发工具中控件的使用。

(3) 控件属性的设置。

二、实训要求

利用 Word 制作"个人信息登记电子表单"。

要求：参照样文"个人信息登记电子表单-样文"。根据"电子表单数据属性说明"制作 Word 表格，使得用户在下拉型数据直接选择下拉列表中的相应选项，日期型数据直接选择日期等，效果如图 2-113 所示。

三、实训步骤

(1) 输入表格标题，设置为宋体，三号，加粗，居中。

(2) 单击"插入"→"表格"命令，插入 18 行 6 列的表格。单击"布局"→"合并"进行单元格的合并或拆分。单击表格右下角的调整方框，将表格调整到同页面的高度相同。

(3) 选择整个表格，单击"布局"→"对齐方式"→"水平居中"设置内容为水平居中，然后选择第 1,5,9,14 行的内容为中部两端对齐。输入固定不变的内容，如姓名、性别等内容。

个人信息登记电子表单

一、基本信息						
所在部门			人事处			
姓名		性别	男	民族	汉族 ▼ 生日期	单击此处输入日期.
职务/职称	研究员		政治面貌	群众 作时		单击此处输入日期.
二、学历信息						
最高学历	硕士研究生	学位		硕		
毕业学校					业	
研究方向				业务专长		

（下拉菜单：民族）
汉族
蒙古族
藏族
维吾尔族
回族
苗族
白族
满族
壮族
朝鲜族

三、工作经历			
起始日期	终止日期	工作单位	工作岗位
单击此处输入日期.	单击此处输入日期.		
单击此处输入日期.	单击此处输入日期.		
单击此处输入日期.	单击此处输入日期.		

四、获得奖励情况		
获奖时间	奖励名称	获奖级别
单击此处输入日期.		省级
单击此处输入日期.		省级
单击此处输入日期.		省级

图 2-113　创新实训二样文

（4）输入可供选择的内容。打开"电子表单数据属性说明"文件，根据表中属性说明进行设置。

（5）下拉列表控件的设置。根据表格说明，所在部门的类型为下拉型。选择所在部门后的单元格，单击"开发工具"→"控件"→"下拉列表内容控件"，然后单击"开发工具"→"控件"→"属性"，在"内容控件属性"对话框中设置标题，标记。根据属性说明单击"添加"按钮后在"添加选项"对话框中依次添加显示名称和值，如图 2-114 所示，直到将所有内容添加完后单击"确定"按钮，如图 2-115 所示。填表时单击下拉列表向下的箭头就可以在下拉列表中选择所在部门。同理设置其他下拉型的数据内容。设置完全相同的可以复制后粘贴。

图 2-114　"添加选项"对话框

（6）日期选取器内容控件的设置：根据表格说明，"出生日期"的类型为日期型。选择"出生日期"后的单元格，单击"开发工具"→"控件"→"日期选取器内容控件"，然后单击"开发工具"→"控件"→"属性"，在"内容控件属性"对话框中设置标题，标记，选择日期显示方式后单击"确定"按钮，如图 2-116 所示。填表时单击向下的箭头就可以选择日期了。同理设置其他日期型的数据内容。设置完全相同的可以复制后粘贴。

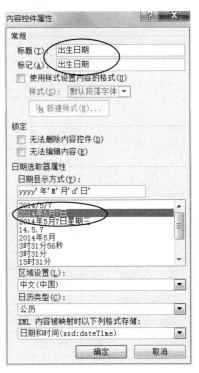

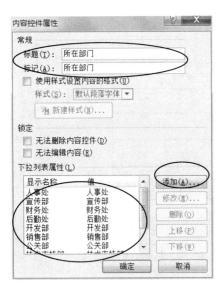

图 2-115　下拉列表内容控件属性　　　　　　图 2-116　"内容控件属性"对话框

创新实训三　文档处理(一)

一、实训目的

(1)设置标题样式。

(2)设置页眉和页脚。

(3)添加编号、项目符号。

(4)添加脚注。

(5)生成目录和图表目录。

(6)自动生成索引。

二、实训要求

参照样文"创新实训 3-样文"，利用给定的素材完成操作，将文档保存为"创新实训 3.docx"。素材见"创新实训 3"文件夹，其中的文件有"创新实训 3-原文"、"索引词.txt"、图 5.jpg、图 7-1.jpg、图 7-2.jpg、图 7-3.jpg、office.jpg。样文如图 2-117 所示。

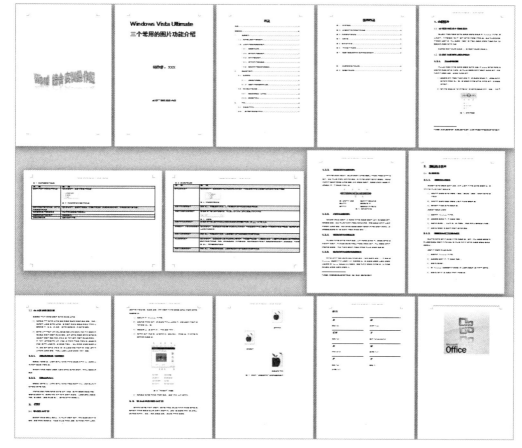

图 2-117　创新实训三样文

(1)设置各级标题的样式格式。正文：中文字符为宋体，英文字母为 Times New Roman，小四，段前 7.8 磅，段后 0.5 行，1.2 倍行距。首行缩进 2 个字符。标题 1：中文字符为黑体，英文字母为 Arial，小初，加粗，段前 0 行，段后 0 行，单倍行距。标题 2：黑体，小二，加粗，段前 1 行，段后 0.5 行，1.2 倍行距。标题 3：宋体，三号，段前 1 行，段后 0.5 行，1.73 倍行距。标题 4：黑体，四号，段前 7.8 磅，段后 0.5 行，1.57 倍行距。

(2)第 1 页为封面页，插入艺术字"Word 综合实训操作题"，首页不显示页码。

(3)第 2 页为子封面页，插入样式为标题 1 的标题"Windows Vista Ultimate 三个常用的图片功能介绍"，该页不显示页码。

(4)第 3、4 页为目录页，插入目录和图表目录，页码格式为罗马数字格式 I、II。

(5)"Windows Vista Ultimate 三个常用的图片功能介绍"的正文内容起于第 1 页，结束于第 10 页，第 10 页为封底。

(6)为文档添加可自动编号的多级标题，多级标题的样式类型设置如下：

　　1　　　标题 2 样式

　　1.1　　　标题 3 样式

　　1.1.1　　标题 4 样式

(7)插入页眉"Windows Vista Ultimate 三个常用的图片功能介绍"，页脚为页码，页码格式为"1"、"2"、"3"…。

(8) 将表格 1 和表格 2 中的文字设置为五号，所在页面方向设置为横向，并且页边距设置为上下页边距 1.5cm，左右页边距 2cm，设置表格的奇数行底纹为灰色。

(9) 为正文部分的第 1 页和第 4 页添加脚注。

(10) 利用给定的素材图片"图 5.jpg"，在正文部分第 4 页插入图片并进行调整，实现样文中的显示效果。

(11) 利用给定的素材图片"图 7-1.jpg"、"图 7-2.jpg"、"图 7-3.jpg"，在正文部分第 8 页插入图片并进行设置，实现样文中的显示效果。

(12) 参照样文设置全文的编号和项目符号。

(13) 在正文部分第 9 页插入自动生成的索引，索引词请见文档"索引词.txt"。

(14) 利用素材图片"office.jpg"制作封底，封底不显示页眉页脚。

(15) 更新目录。

三、实训步骤

(1) 设置正文样式：选择全文(如按 Ctrl+A 键)，单击"开始"→"字体"→"字体对话框启动器"，在"字体"对话框中设置中文字体为宋体，英文字体为 Times New Roman，字号为小四。单击"开始"→"段落"→"段落对话框启动器"，在"段落"对话框中设置段前 7.8 磅，段后 0.5 行，行距选择"多倍行距"后设置值为 1.2，首行缩进 2 字符。

(2) 设置各级标题样式：根据样文和第(1)、(3)和(6)题题意分析，标题为标题一样式，1 个数字编号为"标题 2"样式，2 个数字编号为"标题 3"样式，3 个数字编号为"标题 4"样式。选择标题，单击"开始"→"样式"→"标题 1"，然后在"字体"对话框中设置字体格式：中文字符为黑体，英文字母为 Arial、小初、加粗。在"段落"对话框中设置段落格式：段前 0 行，段后 0 行，单倍行距。选择"1 查看图片"，单击"开始"→"样式"→"标题 2"，设置相应的字符格式和段落格式。双击"开始"→"剪贴板"→"格式刷"命令，单击其他一个数字的标题，最后单击"格式刷"按钮取消格式复制。同理设置标题 3，标题 4。

(3) 设置封面：根据题意，封面页和目录页的页码格式不同，目录与正文页码格式不同，都需要插入分节符便于设置不同的页码格式。将光标定位到"1 查看图片"的前面，单击"页面布局"→"页面设置"→"分隔符"→"分节符"→"下一页"。将光标定位到标题的前面，单击"页面布局"→"页面设置"→"分隔符"→"分页符"→"分页符"命令或者"插入"→"页"→"分页"命令，插入分页符，产生新页。将光标定位到新页中，单击"插入"→"文本"→"艺术字"，插入封面页的艺术字，设置相应的格式。如样文的艺术字设置为 6 行 3 列的快速样式，文字效果中的映像为半映像，8pt 的偏移量；发光为橄榄色，5pt 发光，强调文字颜色 3；转换为波形 2。最后将艺术字移动到封面中的合适位置。

(4) 设置子封面页：将光标移动到子封面页的标题后面需要输入制作者的位置双击，参考样文输入制作者及你的姓名，设置为二号，加粗，居中。单击"插入"→"文本"→"日期和时间"插入当天的日期，设置为三号，加粗，居中。

(5) 插入目录页：将光标定位到日期后面，单击"页面布局"→"页面设置"→"分隔符"→"分节符"→"下一页"，输入"目录"二字。单击"引用"→"目录"→"插入目录"，在"目录"对话框中设置显示级别为 4 后单击"确定"按钮，如图 2-118 所示。设置"目录"为无标题 2 样式并删除编号，居中显示。

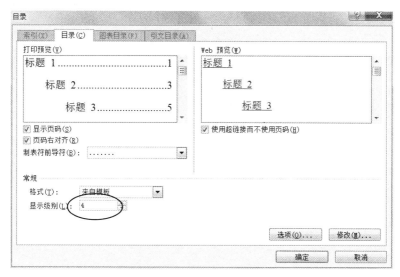

图 2-118　"目录"对话框

　　(6)设置自动编号的多级标题：将光标定位到"1 查看图片"处，删除"1"字，单击"开始"→"段落"→"多级列表"→"定义新的多级列表"，在"定义新多级列表"对话框中单击左下角的"更多"按钮，然后在"单击要修改的级别"列表中选择 1，在"将级别链接到样式"中选择"标题 2"，如图 2-119 所示，同理设置 1.1 为"标题 3"样式，设置 1.1.1 为"标题 4"样式，设置完成后单击"确定"按钮，删除原有的数字，多级列表就设置好了。

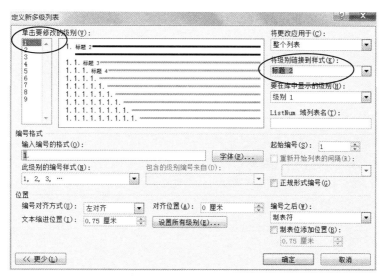

图 2-119　"定义新多级列表"对话框

　　(7)插入正文页眉和页脚：双击正文的页眉处，进入页眉编辑状态，单击"设计"→"导航"→"链接到前一条页眉"，取消链接后输入页眉文字。单击"转至页脚"按钮，单击"设计"→"导航"→"链接到前一条页脚"。单击"设计"→"页码"→"设置页码格式"，

图 2-120 "页码格式"对话框

按照题意在对话框中设置相应的页码格式和起始页码，如图 2-120 所示。单击"设计"→"页码"→"页面底端"→"普通数字 2"。最后双击正文退出页眉页脚状态。

(8)设置表格：选择所有表格及表格标题，设置为五号，单击"页面布局"→"页面设置对话框启动按钮"，在"页面设置"对话框中设置页边距上下为 1.5cm，左右为 2cm，纸张方向为"横向"，应用于"所选文字"，如图 2-121 所示。然后根据样文，选择后单击"开始"→"段落"→"底纹"按钮，设置表格的奇数行为灰色的底纹。调整表格中第一

列的宽度，刚好在一行内显示文本。设置表格内容的段前段后为 0 磅，单倍行距。使表格都在一页内显示。双击页脚，设置页码格式连续显示页码，设置如图 2-122 所示。

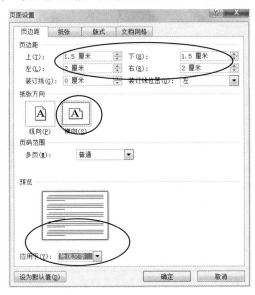

图 2-121 "页面设置"对话框

(9)插入脚注：根据样文，剪切第 4 页的相关内容，粘贴到第一页的后面。将光标移动到"所示"的后面，单击"引用"→"插入脚注"，单击"脚注对话框"按钮，设置脚注的编号格式与样文相同，如图 2-123 所示。移动文中内容到脚注中，只保留文本。删除文中多余的内容。同理设置第 4 页 1.2.4 节中的脚注。

图 2-122 页码格式设置

图 2-123 "脚注和尾注"对话框

(10)插入图片：单击"插入"→"图片"插入"图 5.jpg"，输入文字内容。单击"插入"→"符号"→"编号"，在"编号"对话框中进行设置，如图 2-124 所示。插入相应的编号，按 Tab 键调整位置。并设置编号内容的段前段后为 0 磅，单倍行距。对图片进行裁剪，达到样文效果。同理插入图片 7-1.jpg, 7-2.jpg, 7-3.jpg，输入文字，按 Tab 键调整位置。

图 2-124　"编号"对话框

(11)设置编号和项目符号：参照样文，定位到需要设置编号的地方，单击"开始"→"段落"→"编号"按钮设置相应的编号。单击"开始"→"段落"→"项目符号"按钮设置相应的项目符号。

(12)生成索引：在第 8 页后面插入分页符，输入索引二字，使用"格式刷"复制并设置为标题 2 样式。打开"索引词"文件，复制第一个索引词"图片"。切换到原文单击"开始"→"编辑"→"查找"，查找"图片"。单击"引用"→"标记索引项"按钮，在对话框中确认主索引项设置为"图片"后单击"标记全部"按钮，如图 2-125 所示。同理依次查找其他索引项并进行标记。可以单击"开始"→"段落"→"显示/隐藏编辑标记"来显示或隐藏索引标记。将光标定位到第 9 页"索引"二字后面，单击"引用"→"插入索引"，在"索引"对话框中进行设置，如图 2-126 所示。删除目录页的索引页码即可。生成的索引如图 2-127 所示。

图 2-125　"标记索引项"对话框

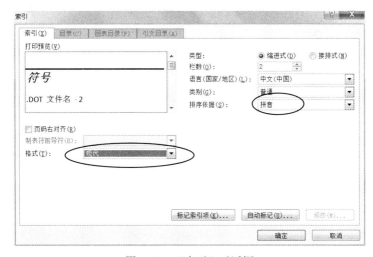

图 2-126　"索引"对话框

索引

B

编辑·5, 6

C H

查找·1, 3

D

打印·6, 7, 8

F

放映·1, 4

分辨率·6, 7

H

幻灯片·1, 4

T

图片·1, 2, 3, 4, 5, 6, 7, 8

W

文件夹·1, 7

Y

颜色·5

图 2-127　生成的索引

　　(13)封底设置：在索引后面插入分节符中的下一页，在新页中插入图片，进入页眉页脚状态，单击"链接到前一条页眉"和"链接到前一条页脚"按钮后取消链接，删除页眉页脚中的内容，退出页眉页脚状态。

　　(14)设置题注：将光标定位到"图 1"处，单击"引用"→"题注"→"插入题注"，在"题注"对话框中设置如图 2-128 所示。若题注显示不对，单击"编号"按钮后在"题注编号"对话框中设置如图 2-129 所示。并删除原有的"图 1"二字。将光标定位到"图 2"处，单击"引用"→"题注"→"插入题注"，在"题注"对话框中单击"确定"按钮即可，同理设置其他图的题注，并设置所有的图题注为 10 号，居中。将光标定位到"表 1"处，单击"引用"→"题注"→"插入题注"，在"题注"对话框中设置如图 2-130 所示。并删除原有的"表 1"二字。同理设置表 2 的题注。

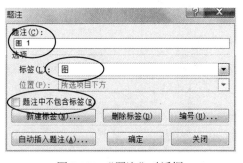

图 2-128　"题注"对话框

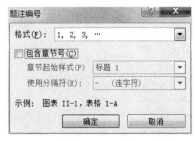

图 2-129　"题注编号"对话框

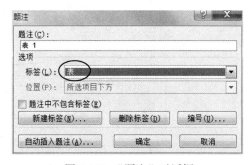

图 2-130　"题注"对话框

(15)抽取图表目录：将光标定位到目录后插入分页符，在新页中输入"图表目录"后按Enter 键。单击"引用"→"题注"→"插入表目录"，设置如图 2-131 所示，抽取出图目录。空 2 行后，单击"引用"→"题注"→"插入表目录"，设置如图 2-132 所示，抽取出表目录。设置"图表目录"为无标题二样式并删除编号，居中显示。抽取出的图表目录如图 2-133 所示。

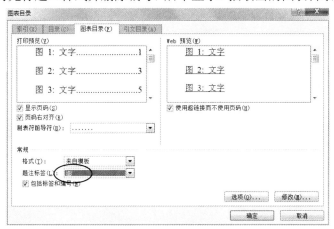

图 2-131 抽取图目录

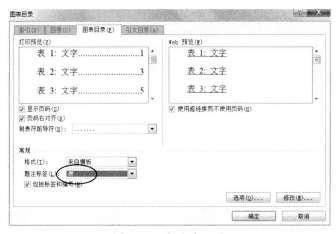

图 2-132 抽取表目录

图 2-133 抽取出的图表目录

(16)设置目录的页眉页脚：进入页眉页脚状态，单击"链接到前一条页眉"和"链接到前一条页脚"按钮后取消链接，单击"设计"→"页码"→"设置页码格式"，设置相应的页码格式和起始页码，如图 2-134 所示。单击"设计"→"页码"→"页面底端"→"普通数字 2"。最后双击正文退出页眉页脚状态。

图 2-134　"页码格式"对话框

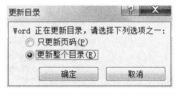

图 2-135　"更新目录"对话框

(17)更新目录：将光标定位到目录处右击，单击"更新域"命令，设置"更新目录"对话框如图 2-135 所示。更新后的目录如图 2-136 所示。

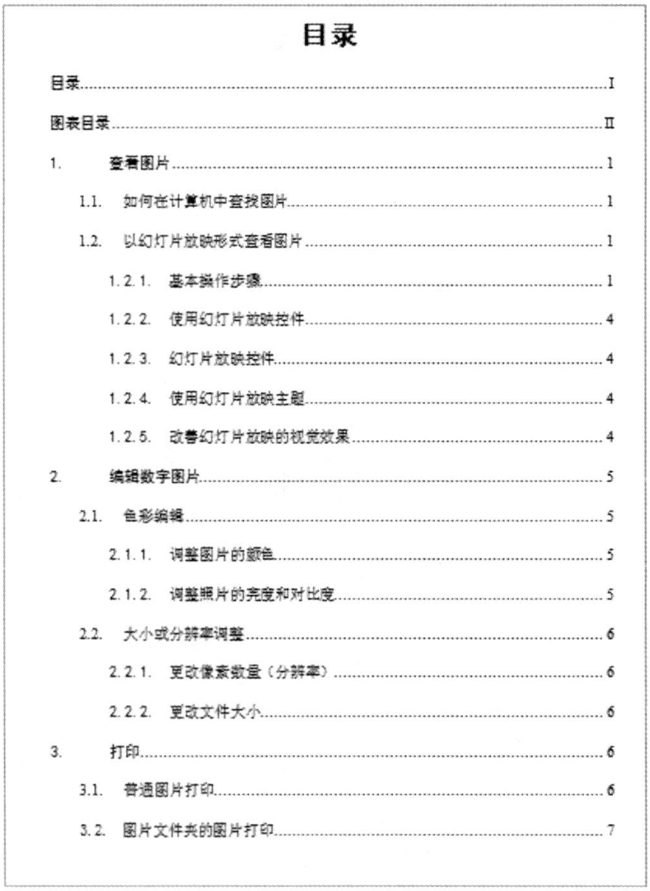

图 2-136　更新后的目录

创新实训四　文档处理(二)

一、实训目的

(1)设置标题样式。

(2)导入表格内容。

(3)生成目录。

(4)生成图表目录。

(5)更新目录和图表目录。

二、实训要求

请参照"创新实训四"文件夹中的"创新实训四-样文",利用给定的素材"创新实训四-原文",完成下列操作并保存。样文如图 2-137 所示。

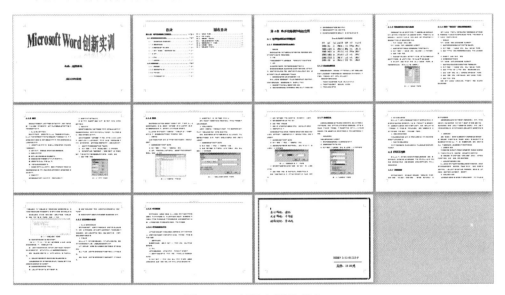

图 2-137　创新实训四-样文

(1)设置格式。正文:宋体,小四号,段前 0 行,段后 0 行,1.3 倍行距,首行缩进 2 个字符。文档的章标题:标题 1 的样式,宋体,二号,加粗,段前 1.5 行,段后 1.5 行,单倍行距,水平居中对齐。节标题(如 1.1):标题 2 的样式,黑体,小二号,加粗,段前 0.5 行,段后 0.5 行,2 倍行距。小节标题(如 1.1.1):标题 3 的样式,黑体,小三号,加粗,段前 20 磅,段后 20 磅,15 磅行距。

(2)全文采用自定义 32cm×23cm 纸张,方向横向;并将全文分两栏,栏间距为 3 字符。

(3)在文档最前面插入一页封面页,内容及格式如"创新实训四-样文"所示。其中"作者:"后面填写学号,日期是插入的制作文档当天的日期。

(4)在第 1 页指定位置插入"创新实训四-样文"正文第 1 页所示的表格"职工信息"内容,输入表格标题"Excel 的数据清单样例表"。

(5)在素材第2页中指定图4.1位置插入素材"图1.jpg",并设置图片和图片标题居中。

(6)在素材第6页中指定图4.7位置插入如样文所示的Excel 2010软件中"自定义页眉"对话框截图,并进行相应的设置。

(7)生成目录:根据样文,在相应位置自动生成文档目录,其中目录格式要求为一级,宋体、四号字,加粗;二级,宋体、小四号,加粗;三级,黑体、小四号;行间距为1.5倍。

(8)根据样文,在相应位置自动生成图表目录,要求:宋体、小四,行间距为1.5倍。

(9)为文档插入页眉和页脚,其中页眉、页脚的具体内容和格式如"创新实训四-样文"所示。

(10)设置封底:在文档最后插入一页,内容及格式如"创新实训四-样文"所示。

(11)设置所有图片和图片标题居中,调整图片大小如样文所示。最后更新目录和图表目录。

三、实训步骤

(1)设置正文样式:选择全文(如按Ctrl+A键),单击"开始"→"字体"设置字符格式。单击"开始"→"段落"设置段落格式。

(2)设置各级标题样式:选择章标题,单击"开始"→"样式"→"标题1",然后设置相应的字符格式和段落格式。同理设置节标题和小节标题。双击"格式刷"命令,将节标题格式复制到其他的节标题中,小节标题格式复制到其他的小节标题中。

(3)设置纸张大小和方向:单击"页面布局"→"纸张方向"→"横向"。单击"页面布局"→"纸张大小"→"其他页面大小",在"页面设置"对话框中进行设置,如图2-138所示。

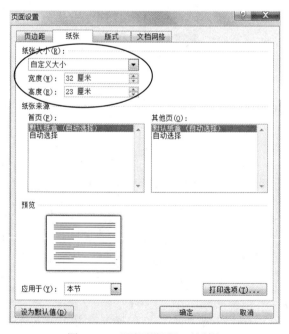

图2-138 "页面设置"对话框

(4)设置分栏:选择全文,单击"页面布局"→"页面设置"→"分栏"→"更多分栏",在"分栏"对话框中进行设置,如图2-139所示。

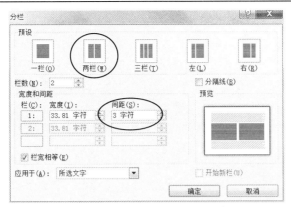

图 2-139　"分栏"对话框

（5）设置封面：单击"页面布局"→"页面设置"→"分隔符"→"分节符"→"下一页"，单击"开始"→"字体"→"清除格式"，取消分栏。插入如样文所示的艺术字，艺术字的渐变填充如图 2-140 所示。在后面填写学号，插入当天的日期。

图 2-140　艺术字的渐变填充设置

（6）插入表格：单击"插入"→"文本"→"对象"，在"对象"对话框（图 2-141）中浏览并找到由 Excel 创建的"职工信息"文件。输入表格标题，设置为蓝色，居中。

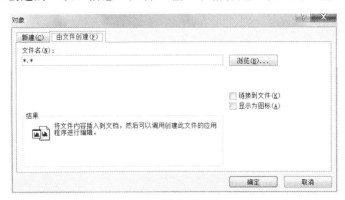

图 2-141　"对象"对话框

（7）插入图片：将光标定位到"图4.1"的位置，单击"插入"→"图片"插入"图1.jpg"，设置图片和图片标题居中，删除多余的内容。

（8）截图并插入图片：打开Excel 2010软件，单击Excel的"页面布局"→"页面设置对话框启动按钮"，在"页面设置"对话框中选择"页眉/页脚"选项卡，如图2-142所示。单击"自定义页眉"按钮后出现"页眉"对话框，如图2-143所示，按Alt+PrintScreen键复制对话框内容。将光标定位到"图4.7"的位置，粘贴"页眉"对话框，并调整宽度到合适大小。

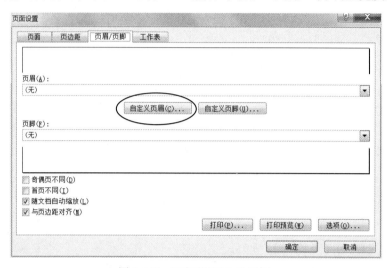

图2-142　"页面设置"对话框

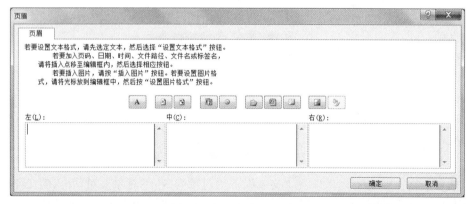

图2-143　"页眉"对话框

（9）生成目录和图表目录：在封面与正文之间插入分节符的下一页，在新页中输入目录和图表目录，设置为一号、加粗。将光标定位到"目录"文字处，单击"引用"→"目录"→"插入目录"。将光标定位到"图表目录"文字处，单击"引用"→"题注"→"插入表目录"并设置为样文格式。

（10）插入页眉和页脚：进入正文的页眉页脚状态，单击"链接到前一条页眉"和"链接到前一条页脚"按钮后取消链接，单击"设计"→"页码"→"设置页码格式"，设置相应的页码格式和起始页码，如图2-144所示。单击"设计"→"页码"→"页面底端"→"普通数字2"。输入页眉，设置为蓝色，最后双击正文退出页眉页脚状态。同理设置目录的页脚，如图2-145所示。

图 2-144　设置正文页码格式

图 2-145　设置目录页码格式

(11)封底设置：将光标定位到最后一页，插入分节符的下一页，在新页中进入页眉页脚状态，取消与前一节的页眉页脚链接，删除页眉页脚内容。单击"页眉布局"→"页面边框"，进行如图 2-146 所示的设置，注意应用范围为本节。插入文本框，输入文字，左上角文字设置为华文行楷、二号、加粗。右下角文字为二号。文本框都无轮廓。按 Shift 键插入一条直线。封底效果如图 2-147 所示。

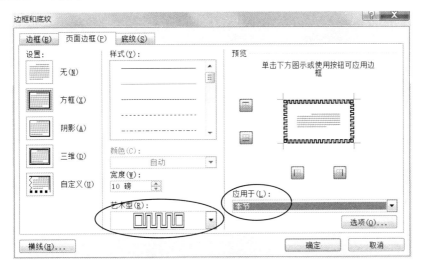
图 2-146　页面边框设置

图 2-147　封底效果图

（12）设置所有图片和图片标题居中，根据样文调整图片大小。右击目录，在弹出的快捷菜单中单击"更新域"命令分别更新目录和图表目录，以便在目录中显示正确的页码。目录页效果如图 2-148 所示。

图 2-148　目录页效果图

创新实训五　制作寿贴

一、实训目的

（1）设置分栏。

（2）设置文本框。

（3）制作表格。

二、实训要求

（1）制作左右折叠的寿贴。效果如图 2-149 所示。

图 2-149　左右折叠寿帖样文

三、实训步骤

(1)新建一个文档，单击"页面布局"→"页面设置"，纸张大小选择 B5，纸张方向选择横向，页边距上下为 3 厘米，左右为 1.5 厘米。分为等宽的 2 栏，栏间距设为 3 字符。如图 2-150 所示。设置页面颜色为深红色，也可以不分栏。

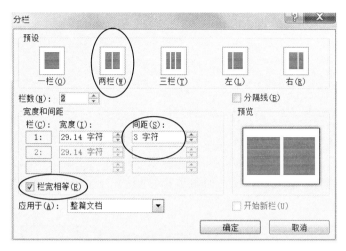

图 2-150　"分栏"对话框

(2)插入一个横向文本框，输入"寿"字，设置为华文彩云，360 号，黄色。文本框的形状填充设置为深红色，形状轮廓为无轮廓。

(3)绘制一个 1 行 4 列的表格，选中表格，单击"布局"→"对齐方式"→"文字方向"命令，设置文字为竖排格式，中部两端对齐。在表格中输入相应的内容，设置为隶书、二号、加粗、黄色。设置表格的框线为橙色、3 磅，只要左侧和中间的竖线，如图 2-151 所示。

图 2-151　设置表格边框

(4)调整显示比例：单击"视图"→"显示比例"→"单页"，整体效果如图 2-151 所示。

创新实训六　制作书法字帖

一、实训目的

(1)新建书法字帖。

(2)设置书法字帖。

二、实训要求

制作书法字帖。样文如图 2-152 所示。

三、实训步骤

(1)单击 文件 →"新建"→"书法字帖"→"创建"命令，如图 2-153 所示。在"增减字符"对话框中根据发音顺序依次添加书法字帖文字后单击"确定"按钮，如图 2-154 所示，产生一个书法字帖文档。

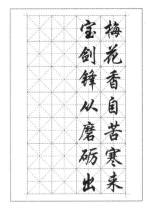

图 2-152　创新实训六样文

图 2-153　新建书法字帖

(2)单击"书法"→"选项"，在"选项"对话框中根据字帖内容设置每页内行列数，样文设置如图 2-155 所示。

(3)单击"书法"→"文字排列"进行设置，样文设置为竖排，从右到左。同理可以设置网格样式，还可以增减字符。效果如图 2-152 所示。

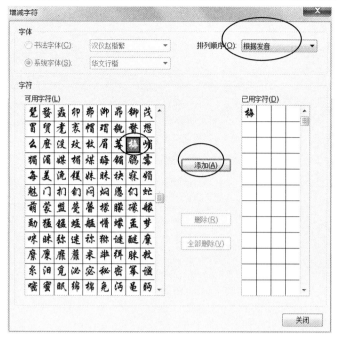

图 2-154 "增减字符"对话框

图 2-155 "选项"对话框

创新实训七 制作海报

一、实训目的

(1)制作海报。

(2) Word 2010 知识的综合应用。

二、实训要求

制作海报。样文如图 2-156 所示。

图 2-156　创新实训七样文

(1) 设置文档的第 1 页的纸张大小为 A4，纸张方向为"纵向"，页边距为"适中"，并将图片 pic1.jpg 设置为海报背景。

(2) 设置格式。标题：华文琥珀，48 号，红色，居中，段前 2 行，段后 2 行，单倍行距。文字"报告题目…狮子山校区 7-315"：黑体，28 号，加粗，首行缩进 2 个字符，段前 0 行，段后 0 行，4 倍行距，冒号前文字为深蓝色，冒号后文字为白色，绿色文字底纹。文字"欢迎大家踊跃参加!"：华文行楷，48 号，加粗，黄色，居中，段前 2 行，段后 2 行，单倍行距。文字"主办……"：黑体，小初，加粗，深蓝色，右对齐，段前 0 行，段后 0 行，1.5 倍行距。

(3) 在"主办：基础教学学院"位置后另起一页，并设置第 2 页的纸张方向为"横向"，页边距为"普通"。标题文字：华文琥珀，小初，红色。设置余下的文字为宋体，小二，加粗，深蓝色。设置显示比例为双页显示。

(4) 在文字"日程安排"的下面插入 3 行 2 列的表格，输入表格内容，调整表格大小，设置表格居中，表格文字水平居中显示，并选择相应的表格样式，设置标题文字为白色，第 3 行的底纹为浅绿色。

(5) 在文字"报名流程"的下面利用 SmartArt 制作报名流程图(网上报名、确认座席、领取资料、领取门票)，调整图形的大小，并设置相应的 SmartArt 样式。

(6) 设置"报告人介绍"下面的文字：姓名为红色，首字下沉 2 行。

(7) 插入图片 pic2.jpg，设置文字环绕为"紧密型"，并将图片"水平翻转"，图片样式为"金属椭圆"，并移动到相应位置。使内容刚好在两页内显示。

三、实训步骤

(1) 打开文档"创新实训 7-原文"，调整文档版面。单击"页面布局"→"页面设置"，将纸张大小设置为 A4，纸张方向设置为"横向"，页边距为"适中"。单击"页面布局"→"页面背景"→"页面颜色"→"填充效果"，在对话框的"图片"选项卡中选择图片 pic1.jpg，如图 2-157 所示。

图 2-157 "填充效果"对话框

(2)设置格式：选择相应的内容，分别设置为相应的格式。

(3)分页后设置页面：将光标定位到"主办：基础教学学院"后的下一行开头，单击"页面布局"→"页面设置"→"分隔符"→"分节符"→"下一页"进行分页。将光标定位到第 2 页，设置第 2 页的纸张方向为"横向"，页边距为"普通"。并设置相应的字体格式。单击"视图"→"显示比例"→"双页"，将内容显示到一个屏幕中。

(4)在文字"日程安排"的后面按 Enter 键，单击"插入"→"表格"插入 3 行 2 列的表格，输入表格内容，调整表格大小，设置表格居中，表格文字水平居中显示，并选择第 4 行第 7 列的表格样式，设置标题文字为白色，选择第 3 行，设置底纹为浅绿色。

(5)在文字"报名流程"的后面按 Enter 键，单击"插入"→"插图"→"SmartArt"，选择流程的第一个样式，输入文字，调整大小，更改 SmartArt 颜色为彩色的第一种，SmartArt 样式为三维的优雅样式。

(6)设置"报告人介绍"下的姓名为红色，单击"插入"→"文本"→"首字下沉"→"首字下沉选项"，在"首字下沉"对话框中选择"下沉"，"下沉行数"设置为 2，如图 2-158 所示。

图 2-158 "首字下沉"对话框

(7)插入图片 pic2.jpg，单击"格式"→"排列"中，在"位置"→"其他布局选项"→"文字环绕"中设置为"紧密型"，在"旋转"中将图片设置为"水平翻转"，图片样式设置为"金属椭圆"，并移动到右侧，使内容刚好在两页内显示。最后保存文件。

第 3 章　Excel 2010 实训

第一部分　Excel 2010 基础实训

实训项目一　数据输入与文件操作

一、实训目的

(1) 文件的新建、数据的输入。

(2) 文件的保存、打开、另存为。

(3) 数据的复制、移动、粘贴。

二、实训内容（在 A1 文件夹中操作）

【实训 3-1-1】　数据输入。

(1) 启动 Excel 2010 软件，在 Sheet1 中输入数据，如图 3-1 所示，将文件保存到 A1 文件夹中，文件名为 A3-1-1.xlsx。

	A	B	C	D	E	F
1	学号	姓名	性别	出生日期	计算机	英语
2	2013010101	张莉	女	1995/12/10	76	57
3	2013010102	王小红	男	1995/12/11	86	97
4	2013010103	李晓	女	1995/12/12	56	95
5	2013010104	赵斌	男	1995/12/13	89	67
6	2013020101	刘海涛	女	1995/11/10	87	58

图 3-1　输入的数据表

(2) 打开 A3-1-2.xlsx，将 Sheet1 中的数据复制后粘贴到 Sheet2 中，并将文件另存到 A1 文件夹中，文件名为 A3-2.xlsx。

(3) 将 A3-2.xlsx 文件另存为 Excel 2003 版文件，文件名为 A3-2-2003.xls。

(4) 将 A3-2.xlsx 文件另存为文本文件，文件名为 A3-2.txt。

<方法指导>

(1) 实训知识点：各种类型数据的输入。

(2) 操作提示：注意使用 Tab 键、回车键（Enter 键）或光标键移动光标。

(3) 学号的输入技巧：选定一个学号，若为文本数据，直接拖动填充柄进行填充；若为数值型数据，则按 Ctrl 后再拖动填充柄进行填充。

(4) 注意数据默认的对齐方式：文本数据左对齐，数字和日期数据右对齐。

(5) 在单元格中出现"######"提示，表示单元格宽度不够，调整列宽可以显示数据。

(6) 另存为的操作方法：单击"文件"→"另存为"命令。

实训项目二 数据的基本操作

一、实训目的

(1)单元格数据的修改。

(2)插入、修改和删除批注。

(3)清除对象(包括全部、内容、格式)。

(4)行、列的插入与删除。

(5)设置数据有效性。

二、实训内容(在 A2 文件夹 A3-2.xlsx 中操作)

【实训 3-2-1】 修改训练。

(1)在 Sheet1 中,将刘海涛的学号改为:2013010106。

(2)将赵斌的计算机成绩改为:90。

<方法指导>

(1)数据中的部分修改:方法一,双击后在编辑状态下修改。方法二,在编辑栏修改。

(2)全部修改,选中后直接输入新内容。

【实训 3-2-2】 插入、修改和删除批注训练。

(1)在 Sheet1 中(图 3-2),在 A1 单元格插入批注,对学号的输入进行批注说明,批注内容为"方法一,首先将单元格数字设置为文本型"。

(2)修改 A1 单元格的批注:增加批注内容为"方法二,输入学号之前,首先输入英文状态的单引号"。

(3)删除 D1 单元格的批注。

	A	B	C	D	E	F
1	学号	姓名	性别	出生日期	计算机	英语
2	2013010101	张莉	女	1995/12/10	76	57
3	2013010102	王小红	男	1995/12/11	86	97
4	2013010103	李晓	女	1995/12/12	56	95
5	2013010104	赵斌	男	1995/12/13	89	67
6	2013010105	刘海涛	女	1995/11/10	87	58

图 3-2 原始数据表

<方法指导>

(1)插入批注:方法一,可选择"审阅"→"新建批注"命令。方法二,右击,在弹出的快捷菜单中选择"插入批注"命令。

(2)修改批注:右击,在弹出的快捷菜单中选择"编辑批注"命令后可进行批注修改;也可以选择"审阅"→"编辑批注"命令。

(3)删除批注:右击,在弹出的快捷菜单中选择"删除批注"命令;也可以选择"审阅"→"删除"命令;还可以选择"开始"→"编辑"→"清除"→"清除批注"命令。

【实训 3-2-3】 数据有效性训练。

（1）在 Sheet1 中，对输入的计算机成绩进行限制：只能输入 0～100 的数据，并要求输入 160 进行验证。

（2）在性别前插入列并输入学院，输入学院时，利用数据的有效性设置，从"计算机学院"、"文学院"、"外语学院"中选择学院。

（3）对学号设置数据有效性，使得输入的学号长度必须等于 10，输入信息的标题为"输入学号"，输入信息为"学号长度必须为 10 位"。

（4）将"赵斌"这一行数据移动到"李晓"之前。

<方法指导>

（1）实训知识点：文本输入，行/列的插入与删除，行/列的选择，数据有效性的设置。

（2）先选定数据范围，再选择"数据"选项卡→"数据有效性"按钮，打开"数据有效性"对话框。

（3）"允许"→整数；"数据"→介于；"最小值"→0；"最大值"→100，如图 3-3 所示。

（4）"允许"→序列；"来源"→计算机学院，外语学院，文学院。注意，各学院之间的逗号使用英文标点符号，如图 3-4 所示。

图 3-3　有效性规则—整数范围　　　　　　图 3-4　有效性规则—序列

（5）"允许"→文本长度；"数据"→等于；"长度"→10，如图 3-5 所示。

（6）切换到"输入信息"选项卡，设置如图 3-6 所示。

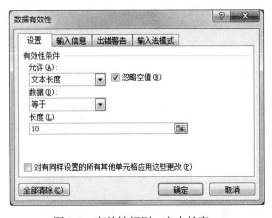

图 3-5　有效性规则—文本长度　　　　　　图 3-6　有效性规则—标题—输入信息

(7)将"赵斌"这一行数据移动到"李晓"之前，有两种方法：①选中"赵斌"这一行，执行"剪切"命令，然后将光标移动到"李晓"这行的第一列，右击，在弹出的快捷菜单中选择"插入已剪切的单元格"命令；②在"赵斌"后插入一个空行，再选中"李晓"这一行，执行"剪切"命令，再将光标移动到空行，执行"粘贴"命令，最后删除"李晓"移动后留下的空行。

【实训 3-2-4】 行列互换—转置。

利用"表 2-4"中的原始数据，在"2-4"作业中完成：由原来设计的课表，将图 3-7 中的数据变为图 3-8 所示的数据。

图 3-7　原始数据　　　　　　　　　图 3-8　转换后效果

<方法指导>

(1)选定数据，执行"复制"命令。

(2)将光标移动到第 2 张表，执行"粘贴"→"选择性粘贴"命令，在"选择性粘贴"对话框中选中"转置"复选框，如图 3-9 所示。

图 3-9　选择性粘贴—转置

实训项目三　工作表的操作

一、实训目的

(1)设置默认工作表的数量，最近使用的文档数。

(2)工作表的复制、移动、重命名。

(3)工作表的插入与删除。

二、**实训内容**（在 A3 文件夹中操作）

【**实训 3-3-1**】　表处理。

打开文件 A3-3-1.xlsx，要求如下：

(1)插入三张工作表，并将工作表的表标签名分别改为：二班、三班、四班。

(2)将一班、三班工作表标签分别设置为红色与蓝色。

效果：　一班　二班　三班　四班

(3)将三班更名为：3 班成绩表。

(4)删除"四班"工作表。

(5)将新建工作簿内的工作表数设置为 8。

(6)将最近使用的文档数设置为 10。

(7)将 A3-3-1.xlsx 中的一班成绩表复制到 A3-3-2.xlsx 工作簿中。

<方法指导>

(1)在工作表标签上右击，可分别选择"插入"、"删除"、"重命名"、"工作表标签颜色"等命令完成相应功能。

(2)新工作簿内的工作表数设置方法：选择"文件"→"选项"→"常规"→"包含的工作表数"→8(范围是 1～255)，如图 3-10 所示。

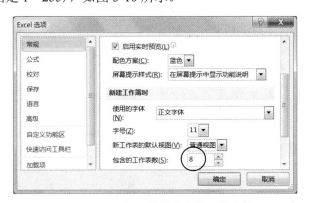

图 3-10　设置新工作簿包含的工作表数

(3)最近使用的文档数：选择"文件"→"选项"→"高级"→"显示-最近使用的文档"→10(范围是 0～50)，如图 3-11 所示。

图 3-11　设置最近使用的文档数

(4)同时打开工作簿 A3-3-1.xlsx 与 A3-3-2.xlsx，选中 A3-3-1 中的一班表并右击，在弹出的快捷菜单中选择"移动或复制"命令，在打开的"移动或复制工作表"对话框的"工作簿"中选择 A3-3-2.xlsx→Sheet2，选中"建立副本"复选框(图 3-12)，单击"确定"按钮。

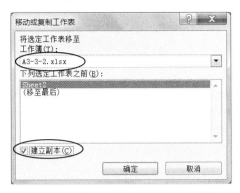

图 3-12　"移动或复制工作表"对话框

实训项目四　数据的格式化

一、实训目的

(1)设置单元格的格式。

(2)设置自动套用格式。

(3)设置条件格式。

二、实训内容(在 A4 文件夹中操作)

【实训 3-4-1】　数据表格式化。

打开 A3-4-1.xlsx，进行以下设置：

(1)在表的最前面插入一行，输入"学生成绩表"，并设置合并居中，红色、20 磅、黑体、黄色底纹。

(2)将所有数据设置为：水平居中，垂直居中。

(3)将表格加上边框，外框为红色双实线，内容为蓝色单虚线。

(4)将表格设置为：行高 20。

(5)效果如图 3-13 所示。

<方法指导>

(1)设置文本对齐方式：单击"开始"→"对齐方式"中的"居中"按钮和"垂直居中"按钮，或右击单元格，在弹出的快捷菜单中选择"设置单元格格式"命令，切换到"对齐"选项卡，设置文本"水平对齐"为"居中"，"垂直对齐"为"居中"，如图 3-14 所示。

(2)设置边框：选定数据区域并右击，在弹出的快捷菜单中选择"设置单元格格式"命令，切换到"边框"选项卡，选择样式为"双线"，颜色为"红色"，单击"外边框"按钮。再选择虚线为"蓝色"，单击"内部"按钮，单击"确定"按钮，如图 3-15 所示。

	A	B	C	D	E	F
1	学生成绩表					
2	学号	姓名	身份证号	性别	计算机	英语
3	2009010101	张晓莉	5101001991112108765	女	76	57
4	2009010102	李兵兵	5101001991112116543	男	86	97
5	2009010103	王勇强	5101001991112128765	男	56	95
6	2009010104	刘兵	5101001991112138765	男	89	67
7	2009020101	李小双	5101001992111108765	男	87	58
8	2009020102	张小玲	5101001992111118765	女	98	96
9	2009020103	王晓燕	5101001992111128765	女	65	78
10	2009020104	李小华	5101001991110108765	女	56	45
11	2009020105	张林林	5101001990112128765	男	87	76

图 3-13　效果图

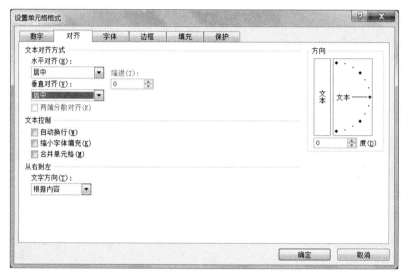

图 3-14　单元格格式—对齐

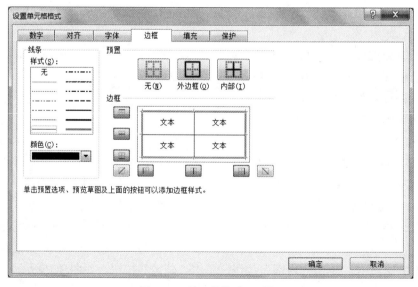

图 3-15　单元格格式—边框

【**实训 3-4-2**】　样式使用。

打开 A3-4-2.xlsx，采用套用表格格式"表样式浅色 2"样式，样式效果如图 3-16 所示。

<方法指导>

(1)选定表格，单击"开始"→"样式"→"套用表格格式"。

(2)选定"表样式浅色 2"，如图 3-17 所示。

	A	B	C	D	E	F
1	学号	姓名	身份证号	性别	计算机	英语
2	2009010101	张晓莉	510100199112108765	女	76	57
3	2009010102	李兵兵	510100199112116543	男	86	97
4	2009010103	王勇强	510100199112128765	男	56	95
5	2009010104	刘兵	510100199112138765	男	89	67
6	2009020101	李小双	510100199211108765	男	87	58
7	2009020102	张小玲	510100199211118765	女	98	96
8	2009020103	王晓燕	510100199211128765	女	65	78
9	2009020104	李小华	510100199110108765	女	56	45
10	2009020105	张林林	510100199012128765	男	87	76

图 3-16　样式效果

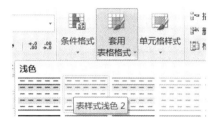

图 3-17　表样式浅色 2

【**实训 3-4-3**】　条件格式使用。

打开 A3-4-3.xlsx，进行条件格式的设置，要求如下：

(1)将计算机成绩用橙色数据条表示。

(2)英语成绩用三色旗表示。

(3)总分高于平均值的用浅红色填充，如图 3-18 所示。

<方法指导>

(1)选中计算机成绩，单击"条件格式"→"数据条"→"橙色数据条"命令，如图 3-19 所示。

	A	B	C	D	E	F
1			一班成绩表			
2	学号	姓名	学院	计算机	英语	总分
3	2009010101	张晓莉	文学院	76	57	133
4	2009010102	李兵兵	文学院	86	97	183
5	2009010103	王勇强	文学院	56	95	151
6	2009010104	刘兵	文学院	89	67	156
7	2009020101	李小双	文学院	87	58	145
8	2009020102	张小玲	法学院	98	96	194
9	2009020103	王晓燕	法学院	65	78	143
10	2009020104	李小华	法学院	56	45	101
11	2009020105	张林林	法学院	87	76	163

图 3-18　效果图

图 3-19　条件格式—数据条

(2)选中英语成绩，单击"条件格式"→"图标集"→"三色旗"命令，如图 3-20 所示。

(3)选中总分，单击"条件格式"→"项目选取规则"→"高于平均值"→"浅红色填充"命令，如图 3-21 所示。

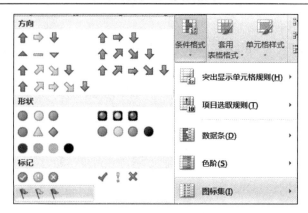

图 3-20　条件格式—图标集

图 3-21　条件格式—项目选取规则

实训项目五　公式的使用

一、实训目的

公式的使用。

二、实训内容（在 A5 文件夹中操作）

【实训 3-5-1】　金额计算。

打开 A3-5-1.xlsx，如图 3-22 所示，计算总金额，并输入进货日期与入库时间。

	A	B	C	D	E	F
1	品名	数量	单价(元)	总金额(元)	进货日期	入库时间
2	钢笔	76	3.0			
3	铅笔	120	1.2			
4	笔记本	300	2.0			
5	饮料	120	3.0			

图 3-22　原始数据

<方法指导>

(1) 实训知识点：公式的输入以=或+开头；相对地址的使用。

(2) 操作提示：在 D2 单元格输入“=B2*C2”，拖动填充柄或双击填充柄进行公式填充。

(3) 操作技巧：输入当天的日期的快捷键为 Ctrl+;，输入当前时间的快捷键为 Ctrl+Shift+;。

【实训 3-5-2】 计算平均成绩与名次。

打开文件 A3-5-2.xlsx，利用给定的数据（图 3-23），计算每位同学的学期学习平均成绩，并排出名次。平均成绩的计算公式为：$=\dfrac{\sum(\text{课程百分制成绩}\times\text{课程学分})}{\sum\text{课程学分}}+\text{操行分}$。

A	B	C	D	E	F	G	H	I	J	K	L
学号	姓名	性别	计算机	计算机学分	外语	外语学分	数学	数学学分	操行分	平均成绩	名次
2012010101	X1	男	67	4	72	8	86	4	1		
2012010102	X2	女	76	4	74	8	88	4	2		
2012010103	X3	男	85	4	76	8	97	4	1		
2012010104	X4	女	94	4	78	8	94	4	0		
2012010105	X5	男	87	4	80	8	91	4	1		

图 3-23　原始数据

<方法指导>

(1) 实训知识点：相对地址、绝对地址、Rank 函数的使用。

(2) K2 的平均成绩公式：=(D2*E2+F2*G2+H2*I2)/(E2+G2+I2)+J2，然后用填充柄进行填充。

(3) 名次公式：=RANK(K2,$K$2:$K$26)，然后利用填充柄进行填充。

【实训 3-5-3】 混合地址的使用。

(1) 打开 A3-5-3.xlsx 文件，利用 Sheet1（图 3-24）给定的部分数据，在单元格 B2 写出公式，利用自动填充柄，制作效果如图 3-25 所示九九表。

	A	B	C	D	E	F	G	H	I	J
1		1	2	3	4	5	6	7	8	9
2	1									
3	2									
4	3									
5	4									
6	5									
7	6									
8	7									
9	8									
10	9									

图 3-24　Sheet1 原始表

	A	B	C	D	E	F	G	H	I	J
1		1	2	3	4	5	6	7	8	9
2	1	1								
3	2	2	4							
4	3	3	6	9						
5	4	4	8	12	16					
6	5	5	10	15	20	25				
7	6	6	12	18	24	30	36			
8	7	7	14	21	28	35	42	49		
9	8	8	16	24	32	40	48	56	64	
10	9	9	18	27	36	45	54	63	72	81

图 3-25　九九表效果图（一）

(2) 再利用 Sheet2 中给定的数据，制作效果如图 3-26 所示九九表。

	A	B	C	D	E	F	G	H	I	J
1		1	2	3	4	5	6	7	8	9
2	1	1×1=1								
3	2	2×1=2	2×2=4							
4	3	3×1=3	3×2=6	3×3=9						
5	4	4×1=4	4×2=8	4×3=12	4×4=16					
6	5	5×1=5	5×2=10	5×3=15	5×4=20	5×5=25				
7	6	6×1=6	6×2=12	6×3=18	6×4=24	6×5=30	6×6=36			
8	7	7×1=7	7×2=14	7×3=21	7×4=28	7×5=35	7×6=42	7×7=49		
9	8	8×1=8	8×2=16	8×3=24	8×4=32	8×5=40	8×6=48	8×7=56	8×8=64	
10	9	9×1=9	9×2=18	9×3=27	9×4=36	9×5=45	9×6=54	9×7=63	9×8=72	9×9=81

图 3-26　九九表效果图（二）

(3) 在 Sheet3（图 3-27）中，邮箱一列数据由字符连接运算符连接起来，请填写邮箱。连接格式为 sc_职工号@163.com；例如，sc_1001@163.com，如图 3-28 所示。

	A	B	C
1	职工号	姓名	邮箱
2	1001	x1	
3	1002	x2	
4	1003	x3	
5	1004	x4	
6	1005	x5	
7	1006	x6	

图 3-27　Sheet3 原始表

	A	B	C
1	职工号	姓名	邮箱
2	1001	x1	sc_1001@163.com
3	1002	x2	sc_1002@163.com
4	1003	x3	sc_1003@163.com
5	1004	x4	sc_1004@163.com
6	1005	x5	sc_1005@163.com

图 3-28　效果图

<方法指导>

(1) 实训知识点：混合地址、&、自动填充柄的使用。

(2) 操作提示：

效果一中，单元格 B2 中公式为：=$A2* B$1，再利用自动填充柄自动填充。

效果二中，单元格 B2 中公式为：=$A2 & "×" & B$1 &"=" & $A2* B$1，再利用自动填充柄自动填充。

(3) 邮箱公式为：="sc_" & A2 & "@163.com"。

【实训 3-5-4】 绝对地址、相对地址的引用。

(1) 打开文件 A3-5-4.xlsx，用给定的数据（图 3-29），利用公式计算各年级人数占全校总人数的比例（图 3-30）。

	A	B	C
1	四川师范大学		
2	年级	招生人数	所占比例
3	2003	4000	
4	2004	4200	
5	2005	4500	
6	2006	3900	
7	总人数		

图 3-29　原始数据

	A	B	C
1	四川师范大学		
2	年级	招生人数	所占比例
3	2003	4000	24.1%
4	2004	4200	25.3%
5	2005	4500	27.1%
6	2006	3900	23.5%
7	总人数	16600	

图 3-30　效果图

(2) 在 Sheet2 中，根据销售单价与销售数量（图 3-31），计算销售金额（图 3-32）。

	A	B	C	D	E	F	G
1	商品名称	笔记本					
2	单价	4250					
3	销售月份	1月	2月	3月	4月	5月	6月
4	销售数量	25	38	34	25	27	28
5	销售金额						

图 3-31　原始数据

	A	B	C	D	E	F	G
1	商品名称	笔记本					
2	单价	4250					
3	销售月份	1月	2月	3月	4月	5月	6月
4	销售数量	25	38	34	25	27	28
5	销售金额	106250	161500	144500	106250	114750	119000

图 3-32　效果图

<方法指导>

（1）先计算总人数"=sum（b3:b6）"，再计算比例"=B3/$B$7"，进行公式复制，再单击 % 设置百分比样式，再单击 ⁺⁰⁰₊₀ 设置小数点位数为 1 位。

（2）计算销售金额：用"=B4*$B$2"计算 1 月份销售金额，再利用自动填充柄复制公式。

实训项目六　函数及其应用

一、实训目的

掌握常用函数的使用，要求掌握 Sum（）、Average（）、Count（）、Max（）、Min（）、Countif（）、Sumif（）、Rank（）、Pmt（）、Frequency（）等的使用。

二、实训内容（在 A6 文件夹中操作）

【实训 3-6-1】 函数综合使用。

（1）打开 A3-6-1.xlsx（图 3-33），计算每位同学的平均、总分，平均保留一位小数。要求分别用三种方法计算在三张表中的平均与总分。

	A	B	C	D	E	F	G	H	I
1	学号	姓名	性别	出生日期	学院	计算机	英语	平均	总分
2	2009010101	张晓莉	女	1991/12/10	文学院	76	57		
3	2009010102	李兵兵	男	1991/12/11	文学院	86	97		
4	2009010103	王勇强	男	1991/12/12	文学院	56	95		
5	2009010104	刘兵	男	1991/12/13	文学院	89	67		
6	2009020101	李小双	男	1992/11/10	文学院	87	58		
7	2009020102	张小玲	女	1992/11/11	法学院	98	96		
8	2009020103	王晓燕	女	1992/11/12	法学院	65	78		
9	2009020104	李小华	女	1991/10/10	法学院	56	45		
10	2009020105	张林林	男	1990/12/12	法学院	87	76		
11		各科成绩最高分							
12		各科成绩最低分							
13		各科成绩平均分							
14		每科成绩90分以上的人数							
15		每科成绩80-90分之间的人数							

图 3-33　原始数据

（2）计算每科成绩有最高分、最低分、平均分、90 分及以上人数、80～90 分的人数。

（3）最前面增加一行，要求合并居中，并输入"一班成绩表"，如图 3-34 所示。

8	2009020102	张小玲	女	1992/11/11	法学院	98	96	97.0	194
9	2009020103	王晓燕	女	1992/11/12	法学院	65	78	71.5	143
10	2009020104	李小华	女	1991/10/10	法学院	56	45	50.5	101
11	2009020105	张林林	男	1990/12/12	法学院	87	76	81.5	163
12	各科成绩的最高分					98	97		
13	各科成绩的最低分					56	45		
14	各科成绩的平均分					77.8	74.3		
15	各科成绩90分及以上的人数					1	3		
16	各科成绩80-90分之间的人数					4	0		

图 3-34　效果图

<方法指导>

(1)操作方法如下：

方法一：先选定 H2 单元格，单击 Σ 自动求和 ▾ 的下拉箭头，选择"平均值"命令，选定范围，单击"确定"按钮即可，若自动选取的范围是错的，重新选定范围即可。其余 H3:H10 通过拖动自动填充柄或双击自动填充柄进行计算。求总分、最高分、最低分的方法完全类似。

方法二：通过插入函数的方式计算，单击"公式"→"插入函数"按钮或编辑栏的"插入函数"按钮 *fx*。

方法三：自己输入计算公式或函数。

(2)计算 90 分及以上人数，先选定 F14 单元格，可通过插入函数实现，选择范围为 F2:F10，条件中输入">=90"，单击"确定"按钮，如图 3-35 所示。

图 3-35 COUNTIF 函数对话框

或者输入函数"=countif(F2:F10,">=90")"进行计算，80～90 分的人数，通过函数或输入"=countif(F2:F10,">=80") - countif(F2:F10,">=90")"进行计算。

【实训 3-6-2】 RANK()函数的使用。

打开 A3-6-2.xlsx(图 3-36)，计算总成绩，总成绩的计算方法为金牌每个 7 分，银牌每个 4 分，铜牌每个 2 分；按总分计算出名次，如图 3-37 所示。

	A	B	C	D	E	F
1	四川师范大学运动会成绩表					
2	学院	金牌	银牌	铜牌	总成绩	名次
3	计算机	10	14	10		
4	文学院	15	10	12		
5	化学院	8	10	12		
6	数学院	11	10	12		
7	法学院	12	12	12		

图 3-36 原始数据

	A	B	C	D	E	F
1	四川师范大学运动会成绩表					
2	学院	金牌	银牌	铜牌	总成绩	名次
3	计算机	10	14	10	146	3
4	文学院	15	10	12	169	1
5	化学院	8	10	12	116	5
6	数学院	11	10	12	141	4
7	法学院	12	12	12	156	2

图 3-37 效果图

<方法指导>

(1)实训知识点：公式的输入以=或+开头、函数 RANK()计算名次。

(2)操作提示：利用自动填充柄进行快速计算，计算名次使用函数 RANK()。

【实训 3-6-3】 SUMIF()函数的使用。

打开 A3-6-3.xlsx(图 3-38)，统计毕业生去向人数、所占比例，结果如图 3-39 所示。

	A	B	C	D	E	F	G	H
1	某大学毕业生去向情况							
2	序号	学院	去向	人数				
3	1	电子工程	出国	3				
4	2	电子工程	研究生	20				
5	3	电子工程	就业	80				
6	4	电子工程	未就业	9				
7	5	文学院	出国	1		去向	人数统计	所占比例
8	6	文学院	研究生	21		出国		
9	7	文学院	就业	90		研究生		
10	8	文学院	未就业	8		就业		
11	9	化学学院	出国	5		未就业		
12	10	化学学院	研究生	25				
13	11	化学学院	就业	87				

图 3-38 原始数据

<方法指导>

(1) 先统计出国人数：=SUMIF($C$3:$C$22,F8,$D$3:$D$22)，再利用自动填充柄进行公式复制可统计出各类人数。

(2) 计算比例：=G8/SUM($G$8:$G$11)。

去向统计表

去向	人数统计	比例
出国	13	2.3%
研究生	92	16.3%
就业	432	76.3%
未就业	29	5.1%

图 3-39 效果图

【实训 3-6-4】 使用函数 PMT，计算在固定利率下贷款的等额分期偿还额。

打开文件 A3-6-4.xlsx，贷款金额为 20 万，年限为 10 年，年利率为 5%，计算每月的还贷金额，如图 3-40 所示。

	A	B	C	D	E	F
1		计算月支付额				
2		贷款金额	200000		贷款金额	200000
3		贷款年限	10		贷款年限	10
4		年利率	5%		年利率	5%
5						
6		月支付			月支付	¥2,121.31

图 3-40 数据及对比图

<方法指导>

函数 PMT 的使用格式(月利率，贷款月份，金额)，在函数前加–号，可显示为正。

【实训 3-6-5】 FREQUENCY( )的使用。

打开 A3-6-5.xlsx，根据计算机成绩，统计 60 分以下，60～79 分、80～89 分、90 分及以上各分数段的人数。最后效果如图 3-41 所示。

	A	B	C	D	E	F	G
1	学号	姓名	计算机		分段点	分段范围说明	各分数段人数
2	2009010101	张晓莉	76		59	<=59	2
3	2009010102	李兵兵	86		79	60-79	2
4	2009010103	王勇强	56		89	80-89	4
5	2009010104	刘兵	89			>89	1
6	2009020101	李小双	87				
7	2009020102	张小玲	98				
8	2009020103	王晓燕	65				
9	2009020104	李小华	56				
10	2009020105	张林林	87				

图 3-41 效果图

<方法指导>

(1)FREQUENCY( )函数在工作中统计各分数段的人数非常有用，一定要注意分段点的设置方法。

(2)操作方法：先选定 G2:G5，然后单击"插入函数"按钮 f_x，选择类别为"全部"，再选择函数为"FREQUENCY"，单击"确定"按钮，如图 3-42 所示。

图 3-42　FREQUENCY 函数

(3)选定计算频率的区域 C2:C10，再选定分段点区域 E2:E4(图3-43)，按 Ctrl+Shift+Enter 键即可。注意，不要单击"确定"按钮。

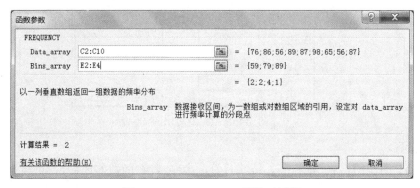

图 3-43　FREQUENCY 函数对话框

实训项目七　图表操作

一、实训目的

(1)图表的建立。

(2)图表格式设置。

二、实训内容(在 A7 文件夹中操作)

【实训 3-7-1】　图表制作(一)。

　　打开 A3-7-1.xlsx 文件，利用给定数据，建立如图 3-44 所示的图形。参照答案样文，要求簇状圆柱图、X 坐标为年级、Z 坐标为人数、顶端有值。

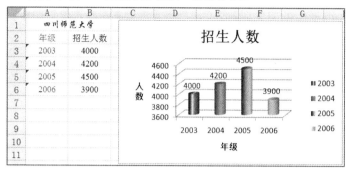

图 3-44　图表效果

<方法指导>

　　(1) 选定数据 A2:B6，单击"插入"→"柱形图"→"簇状圆柱图"，结果如图 3-45 所示。

　　(2) 在选中图的情况下，单击"图表工具"→"布局"→"坐标轴标题"→"主要横坐标轴标题"→"坐标轴下方标题"，输入"年级"。再单击"坐标轴标题"→"主要纵坐标轴标题"→"竖排标题"，输入"人数"，效果如图 3-46 所示。

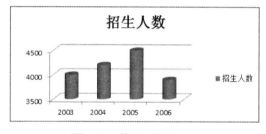

图 3-45　簇状圆柱图

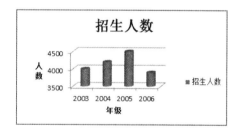

图 3-46　添加坐标轴标题

　　(3) 单击任何一个圆柱，出现同时选中了 4 个圆柱的情况，单击"数据标签"→"显示"。

　　(4) 选中一个圆柱(注意，若在 4 个圆柱都选中时，只单击一次，若 4 个圆柱都没有选中的情况下，单击一次会选中全部 4 个，接着再单击一次，只选中一个)，右击，在弹出的快捷菜单中选择"设置数据点格式"命令，在打开的"填充"对话框中，设置"渐变填充"为"预设颜色"，选择"彩虹出岫"，"方向"为"线性向右"，单击"关闭"按钮。其余三个圆柱方法同理。效果如图 3-47 所示。

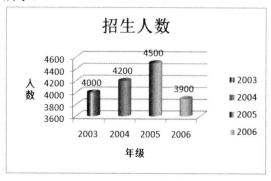

图 3-47　最后效果图

【实训 3-7-2】 图表制作（二）

打开 A3-7-2.xlsx 文件，利用给定如图 3-48 所示数据，要求制作出如图 3-49 所示的效果图形。

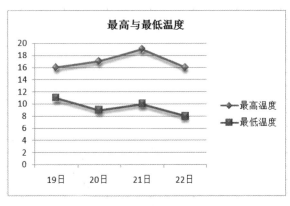

图 3-48　原始数据

<方法指导>

选定数据 A1:C5，单击"插入"→"折线图"→"带数据标记的折线图"，结果如图3-45 所示。

图 3-49　最后效果图

实训项目八　数据排序、筛选与分类汇总

一、实训目的

（1）数据的排序。

（2）数据的筛选。

（3）数据的分类汇总。

二、实训内容（在 A8 文件夹中操作）

【实训 3-8-1】 排序实训。

打开文件 A3-8-1.xlsx，分别在表 1、表 2、表 3 中实现：

（1）在表 1 中按"总分"降序排列。

（2）在表 2 中按"姓名"升序排列。

（3）在表 3 中，先按"学院"升序排列，若学院相同时，按"性别"升序排列；若性别再相同，则按"总分"降序排列。

<方法指导>

（1）简单的排序。

方法一：利用"开始"→"编辑组"→"排序和筛选"→"升序" 或"降序" 进行排序。

方法二：利用菜单"数据"→"排序和筛选组"→"升序" 或"降序" 。

（2）复杂的排序。

方法一：利用"开始"→"编辑组"→"排序和筛选"→"自己定义排序"，出现"排序"对话框。

方法二：单击"数据"→"排序和筛选组"→📊，出现"排序"对话框。选择"主要关键字"为"学院"，次序为"升序"；选择"次要关键字"为"性别"，次序为"升序"；选择"次要关键字"为"总分"，次序为"降序"，如图 3-50 所示。

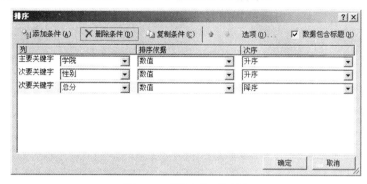

图 3-50　"排序"对话框

【实训 3-8-2】　筛选实训。

打开文件 A3-8-2.xlsx，分别在表 1～表 7 中实现：

（1）在表 1-1 中筛选出男生；在表 1-2 中按单元格图标筛选出计算机成绩绿色旗帜的人。

（2）在表 2 中筛选出计算机成绩为 80～90 分的人（包括 80 与 90 分）。

（3）在表 3 中筛选出姓"张"的人。

（4）在表 4 中筛选出班号为 20090101 班的同学。

（5）在表 5-1 中筛选出生日为 12 月 12 日出生的人，通过身份证来实现，增加一列来取出月日；在表 5-2 中通过出生日期来实现，增加两列，分别取出月、日，再进行筛选。

（6）在表 6 中筛选出计算机、英语都补考的人（要求采用自动筛选和高级筛选两种方式）。

（7）在表 7 中筛选出计算机或英语要补考的人。

<方法指导>

（1）筛选：在表 1 中，单击"数据"选项卡→"编辑"组→"排序和筛选"→"筛选"，在"性别"下拉列表中选择"男"，效果如图 3-51（a）所示。

选择表 2，单击"数据"选项卡→"编辑"组→"排序和筛选"→"筛选"，在"计算机"下拉列表中选择"按颜色筛选"→"绿旗"，效果如图 3-51（b）所示。

	A	B	C	D	E	F	G	H	I	J
1			一班成绩表							
2	学号	姓名	身份证号	性别	出生日期	学院	计算	英	平均	总分
4	2009010102	李兵兵	510100199112116543	男	1991-12-11	文学院	86	97	91.5	183
5	2009010103	王勇强	510100199112128765	男	1991-12-12	文学院	56	95	75.5	151
6	2009010104	刘兵	510100199112138765	男	1991-12-13	文学院	89	67	78.0	156

(a)

	A	B	C	D	E	F	G	H
1			一班成绩表					
2	学号	姓名	性别	学院	计算机	英语	平均	总分
4	2009010102	李兵兵	男	文学院	86	97	91.5	183
6	2009010104	刘兵	男	文学院	89	67	78.0	156
7	2009020101	李小双	男	文学院	87	58	72.5	145

(b)

图 3-51　筛选效果图

（2）筛选：单击"开始"选项卡→"编辑"组→"排序和筛选"→"筛选"或"数据"选项卡→"筛选"→"数字筛选"→"自定义筛选"→"大于或等于"，打开"自定义自动筛选方式"对话框，设置如图 3-52 所示。

（3）筛选："文本筛选"→"开头是"，如图 3-53 所示。

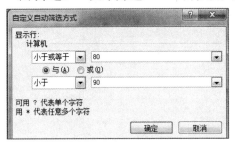

图 3-52　自定义自动筛选对话框—之间

图 3-53　自定义自动筛选对话框—开头是

（4）筛选→文本筛选→开头是→20090101。

（5）筛选 12 月 12 日出生的人。

方法一：在表 5-1 中，通过身份证号来提取月日：=MID（C3,11,4），再通过自动筛选来筛选 1212 数据项。

方法二：在表 5-2 中，通过出生日期取出月份：=MONTH（G3）。取出日：=DAY（G3），再进行自动筛选月 12、日 12 即可。

（6）利用自动筛选，在计算机与英语的自定义筛选中，条件都是<60 即可，效果如图 3-54 所示。

	A	B	C	D	E	F	G	H	I	J
1					一班成绩表					
2	学号	姓名	身份证号	性别	出生日期	学院	计算	英	平均	总
10	2009020104	李小华	510100199110108765	女	1991-10-10	法学院	56	45	50.5	101

图 3-54　效果图

高级筛选时，条件数据<60 放在同一行中，如图 3-55 所示。再利用"数据"→"排序和筛选"→"高级"，分别在"列表区域"中选择'表 6-2'!$C$2:$J$11"、"条件区域"中选择'表 6-2'!$L$2:$M$3"，单击"关闭"按钮，如图 3-56 所示。

	C	D	E	F	G	H	I	J	K	L	M
1			一班成绩表								
2	身份证号	性别	出生日期	学院	计算机	英语	平均	总分		计算机	英语
3	510100199112108765	女	1991-12-10	文学院	76	57	66.5	133		<60	<60
4	510100199112116543	男	1991-12-11	文学院	86	97	91.5	183			
5	510100199112128765	男	1991-12-12	文学院	56	95	75.5	151			

图 3-55　输入条件—并

图 3-56　"高级筛选"对话框

(7)利用高级筛选进行。注意，条件数据在不同行中，如图 3-57 所示。最后效果如图 3-58 所示。

	A	B	C	D	E	F	G	H	I	J	K	L	M
1					一班成绩表								
2	学号	姓名	身份证号	性别	出生日期	学院	计算机	英语	平均	总分		计算机	英语
3	2009010101	张晓莉	510100199112108765	女	1991-12-10	文学院	76	57	66.5	133		<60	
4	2009010102	李兵兵	510100199112116543	男	1991-12-11	文学院	86	97	91.5	183			<60
5	2009010103	王勇强	510100199112128765	男	1991-12-12	文学院	56	95	75.5	151			

图 3-57　输入条件—或

图 3-58　"高级筛选"对话框

【实训 3-8-3】　分类汇总实训。

打开文件 A3-8-3.xlsx，按"学院"分别统计男生、女生的计算机、英语平均成绩。

<方法指导>

(1)先按"学院"排序，若学院相同，再按"性别"排序，单击"数据"→"排序"，在打开的"排序"对话框中分别设置"主要关键字"为"学院"，"次要关键字"为"性别"，单击"确定"按钮，如图 3-59 所示。

图 3-59　"排序"对话框

(2)按"学院"进行分类汇总，单击"数据"→ 分类汇总，在打开的"分类汇总"对话框中，设置"分类字段"为"学院"，"汇总方式"为"平均值"，"选定汇总项"为"计算机"和"英语"，单击"确定"按钮，如图 3-60 所示。

(3)再次使用分类汇总，设置"分类字段"为"性别"，"汇总方式"为"平均值"，"选定汇总项"为"计算机"和"英语"，不选中"替换当前分类汇总"复选框(图 3-61)，单击"确定"按钮，再单击 3 级显示，效果如图 3-62 所示。

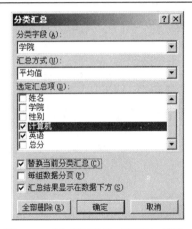

图 3-60 "分类汇总"对话框—学院

图 3-61 "分类汇总"对话框—性别

C	D	E	F
	一班成绩表		
学院	性别	计算机	英语
	男 平均值	87.0	76.0
	女 平均值	73.0	73.0
法学院 平均值		76.5	73.8
	男 平均值	79.5	79.3
	女 平均值	76.0	57.0
文学院 平均值		78.8	74.8
总计平均值		77.8	74.3

图 3-62 效果图

【实训 3-8-4】 数据查询及统计

打开"A3-8-4.xlsx"文件,完成以下操作:

(1)在 Sheet1 中实现,先按省份升序排列;若省份相同,再按 2011 财富降序排列。

(2)在 Sheet2 中统计出主要产业与房地产相关的数据及个数。

(3)在 Sheet3 中统计出只做房地产的数据及个数。

(4)在 Sheet4 中统计出只做教育的数据及个数。

(5)在 Sheet5 中统计出与教育相关的数据及个数。

(6)在 Sheet6 中统计出排名趋势上升的数据及个数。

(7)在 Sheet7 中统计出下降的数据及个数。

(8)在 Sheet8 中实现,按省份分类统计各省上榜人数。

部分原始数据如图 3-63 所示。

	A	B	C	D	E	F	G	H	I	J	K
1	2011排名	2010排名	排名趋势	姓名	性别	年龄	2011财富（亿）	公司	省份	城市	主要产业
2	1	3	上升	梁稳根	男	54	594.5	三一集团	湖南	长沙	机械装备制造
3	2	2	持平	李彦宏	男	42	588.2	百度	北京	北京	搜索引擎
4	3	7	上升	刘永行	男	63	434.7	东方希望集团	上海	上海	饲料、重化工业、投资
5	4	21	上升	刘永好家族	男	60	421.9	新希望集团	四川	成都	饲料、房地产、金融、化工
6	5	1	下降	宗庆后	男	66	415.5	娃哈哈集团	浙江	杭州	饮料
7	6	11	上升	许家印	男	52	396.4	恒大集团	广东	广州	房地产
8	7	8	上升	吴亚军夫妇	女	47	377.2	龙湖地产	北京	北京	房地产
9	8	4	下降	张近东	男	48	358	苏宁电器	江苏	南京	家电零售

图 3-63 部分原始数据

实训项目九　合并计算与数据透视表

一、实训目的

(1) 合并计算。

(2) 数据透视表。

二、实训内容(在 A9 文件夹中操作)

【实训 3-9-1】 计算销售合计。

打开文件 A3-9-1.xlsx，根据"书店 1"与"书店 2"工作表中的相关数据，计算两个书店销售每本书各季度的销售合计，如图 3-64～图 3-67 所示。

	A	B	C	D	E
1		书店1销售情况			
2	书名	一季度	二季度	三季度	四季度
3	S1	200	300	260	400
4	S2	210	240	300	360
5	S3	220	250	280	300
6	S4	190	260	300	280

▮◀ ▶ ▶▮ ╲书店1╲书店2╲作业╱销售合计答案╱

图 3-64　书店 1 数据表

	A	B	C	D	E
1		书店2销售情况			
2	书名	一季度	二季度	三季度	四季度
3	S1	290	210	240	300
4	S2	220	250	280	300
5	S3	210	230	220	280
6	S4	200	240	280	290
7					

▮◀ ▶ ▶▮ ╲书店1╲书店2╲作业╱销售合计答案╱

图 3-65　书店 2 数据表

	A	B	C	D	E
1		最后合并结果数据			
2	书名	一季度	二季度	三季度	四季度
3	S1				
4	S2				
5	S3				
6	S4				

图 3-66　合并之前图

	A	B	C	D	E
1		最后合并结果数据			
2	书名	一季度	二季度	三季度	四季度
3	S1	490	510	500	700
4	S2	430	490	580	660
5	S3	430	480	500	580
6	S4	390	500	580	570

图 3-67　合并后效果图

<方法指导>

(1) 选定作业表的 B3:E6 区域，单击"数据"→"合并计算"。

(2) 引用位置：单击"书店 1"表，拖动范围$B$3:$E$6，单击"添加"按钮，再单击"书店 2"表，拖动范围$B$3:$E$6，单击"添加"按钮，最后单击"确定"按钮，如图 3-68 所示。

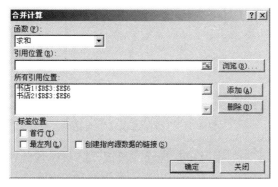

图 3-68　"合并计算"对话框

【实训 3-9-2】 数据透视表的应用。

打开 A3-9-2.xlsx，使用原始数据表中的数据，布局以"班级"为报表筛选，以"日期"为行标签，以"姓名"为列标签，以"迟到"为计数项，从作业表的 A1 单元格起建立数据透视表，结果如图 3-69 所示。

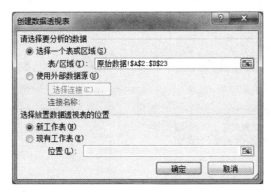

图 3-69　数据透视表效果图

<方法指导>

(1)选定数据区域，单击"插入"选项卡→"数据透视表"，如图 3-70 和图 3-71 所示。

图 3-70　数据透视表—选择表或区域

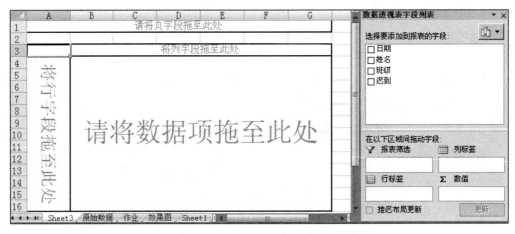

图 3-71　"数据透视表"对话框

(2)在选择要添加到报表的字段中，拖动"班级"到页字段处，拖动"日期"到行字段处，拖动"姓名"到列字段处，拖动"迟到"到数据项处，如图 3-72 所示。

注意：在计数项:迟到中可以双击后改变汇总方式，如可计算平均值、求和等。

(3) 再将班级选定为“三年级 1 班”，效果如图 3-73 所示。

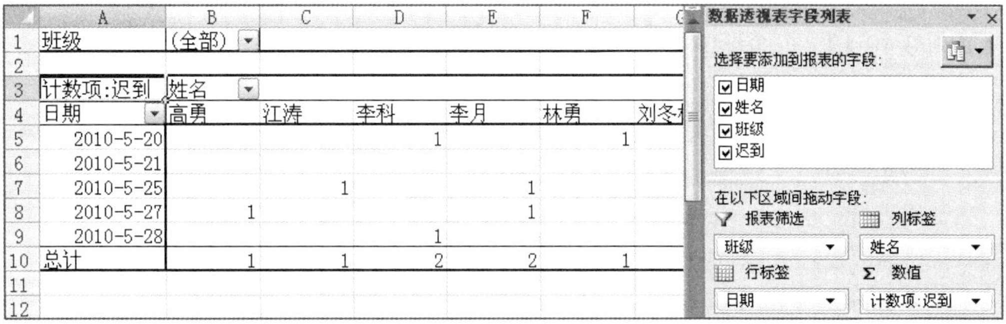

	A	B	C	D	E	F	G
1	班级	(全部)					
2							
3	计数项:迟到	姓名					
4	日期	高勇	江涛	李科	李月	林勇	刘冬
5	2010-5-20			1		1	
6	2010-5-21						
7	2010-5-25		1		1		
8	2010-5-27	1			1		
9	2010-5-28			1			
10	总计	1	1	2	2	1	
11							
12							

图 3-72　“数据透视表”对话框—操作

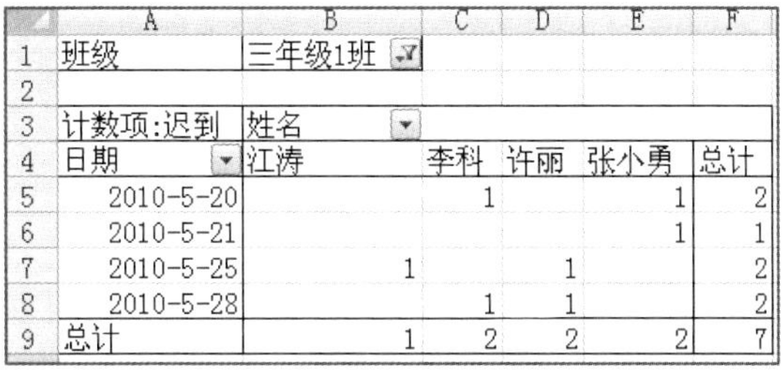

	A	B	C	D	E	F
1	班级	三年级1班				
2						
3	计数项:迟到	姓名				
4	日期	江涛	李科	许丽	张小勇	总计
5	2010-5-20		1		1	2
6	2010-5-21				1	1
7	2010-5-25	1		1		2
8	2010-5-28		1	1		2
9	总计	1	2	2	2	7

图 3-73　数据透视表效果(1)

【实训 3-9-3】 数据透视表。

打开文件 A3-9-3.xlsx，利用数据源的数据，以“学校”为报表筛选，以“科目”为行标签，以“奖项”为列标签，以“姓名”为计数项，从作业表中的 A1 单元格起建立数据透视表，结果如图 3-74 所示。

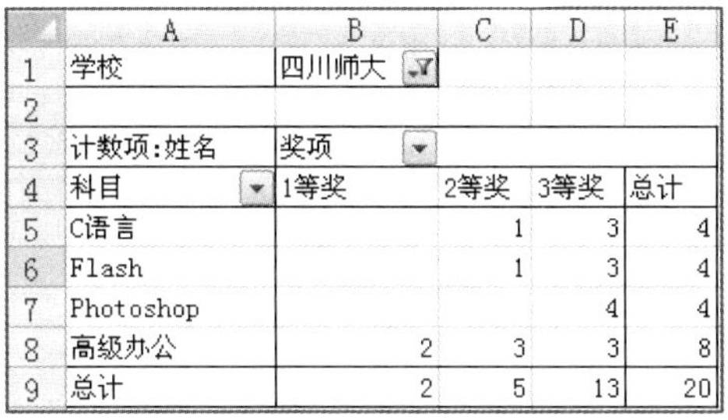

	A	B	C	D	E
1	学校	四川师大			
2					
3	计数项:姓名	奖项			
4	科目	1等奖	2等奖	3等奖	总计
5	C语言		1	3	4
6	Flash		1	3	4
7	Photoshop			4	4
8	高级办公	2	3	3	8
9	总计	2	5	13	20

图 3-74　数据透视表效果(2)

实训项目十　页面设置与打印

一、实训目的

(1) 纸张大小、页边距、居中方式的设置。

(2) 页眉与页脚的设置。

(3) 重复标题行的设置。

(4) 表的打印。

二、实训内容（在 A10 文件夹中操作）

【**实训 3-10-1**】 页面设置。

打开文件 A3-10-1.xlsx。

(1)页面设置：纸张大小为 B5。

(2)页边距设置：上边距为 2.3、下边距为 2.3，居中方式为"水平居中"。

(3)页码设置：居中，格式为第 X 页，共 Y 页。

(4)工作表：打印标题选择顶端标题行为第 2 行，这样每页都有标题行。

(5)在表 Sheet2 中，设置 B3 单元格开始的冻结拆分窗格。

<方法指导>

(1)单击"页面布局"→"纸张大小"→ **B5 (JIS)** 18.2 厘米 x 25.7 厘米 ，如图 3-75 所示。

图 3-75 设置纸张大小

(2)单击"页面布局"→"页边距"→"自定义页边距"，在对话框中设置上、下边距都为 2.3，居中方式为"水平"，如图 3-76 所示。

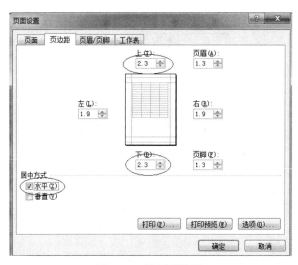

图 3-76 设置页边距

(3)单击"页面布局"→"页面设置对话框启动按钮"→"页眉/页脚"→"自定义页脚"或选择"样式"，打开如图 3-77 所示的对话框。

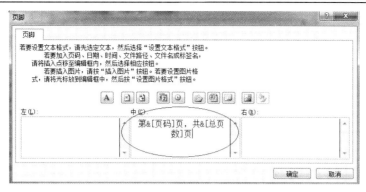

图 3-77　设置页显示格式

(4) 单击"页面布局"→"页面设置对话框启动按钮"→"工作表"，在打开的对话框中设置参数，如图 3-78 所示。

图 3-78　设置打印标题行

第二部分　　Excel 2010 综合实训

综合实训一　课表的制作

(1)在 Z1 文件夹中新建文件：课表.xlsx。

(2)制作如图 3-79 所示的表格，要求边框为红色双线，内部为蓝色单线。

(3)34 节与 56 节之间，78 节与 9，10 节之间要求合并居中并要求有底色。

(4)一次性输入课程名"英语"，所有数据水平居中，垂直居中，效果如图 3-79 所示。

	A	B	C	D	E	F
1	2010级文学院8班课表					
2	星期 节	星期一	星期二	星期三	星期四	星期五
3	12节	英语		英语		
4	34节				英语	
5						
6	56节		英语			
7	78节					英语
8						
9	9，10节					

图 3-79　制作课表效果

<方法指导>

(1)知识点：单元格的合并居中；设置单元格斜线、线条颜色、线型、图案。

(2)同一单元格输入两行文字，方法是按 Alt+Enter 键或单击"开始"→"对齐方式"→"自动换行"，如图 3-80 所示。斜线的制作，选中 A2 单元格，右击，在弹出的快捷菜单选择"设置单元格格式"命令，在打开的对话框中设置边框→斜线，如图 3-81 所示。

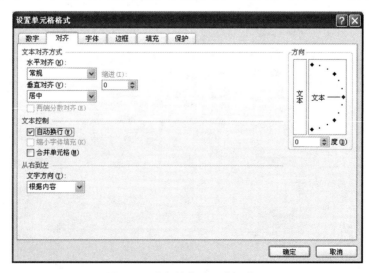

图 3-80　单元格格式—自动换行

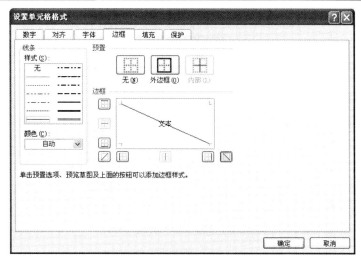

图 3-81　单元格格式—斜线

（3）在几个单元格一次输入相同的内容，方法是先选定需要输入的单元格，输入"英语"后，按 Ctrl+Enter 键。

综合实训二　领物单的制作

在 Z2 文件夹中，打开 Z2.xlsx 工作簿，在 Sheet1 中绘制如图 3-82 所示的表格，其中金额、合计、人民币大写都必须用公式计算完成，不能直接输入，而且人民币大写后还要在金额后输入"元"字。

	领物单						
部门	基础学院		日期：		2012年3月18日		
类别及名称		单位	数量		单价	金额	用途
类别	名称		申请	实发			
办公	打印纸	包	100	100	23	2300	
办公	签字笔	合	50	50	25	1250	办公用
合计					3550		
人民币（大写）			叁仟伍佰伍拾元				
主管：李维		发放人：王春			领取人：张小丽		

图 3-82　制作效果图—领物单

<方法指导>

（1）隐藏网格线。

方法一：单击"视图"→"显示"→网格线，选中 ☑ 为显示，不选中为隐藏网格线，如图 3-83 所示。

方法二：单击"文件"→"选项"→"高级"→**此工作表的显示选项(S):**，不选中 ☐ **显示网格线(D)** 复选框，单击"确定"按钮，如图 3-84 所示。

图 3-83　隐藏/显示网格线

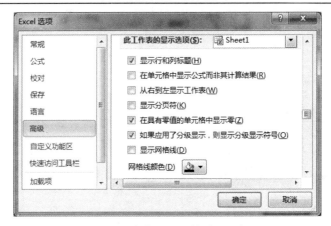

图 3-84　隐藏/显示网格线对话框

(2) 人民币大写，单击"数值 "→"特殊"→"中文大写数字"，如图 3-85 所示。再单击"自定义"，在"通用格式"后增加"元"，如图 3-86 所示。

图 3-85　中文大写数字

图 3-86　大写后添加"元"

综合实训三　市场统计表的处理

在 Z3 文件夹中，打开 Z3.xlsx 工作簿，进行如下的操作：

(1)在 Sheet1 工作表(图 3-87)中进行操作，效果如图 3-88 所示，标签更名为"市场统计"。

	A	B	C	D	E	F	G
1	某类产品市场份额统计表（万元）						
2	品牌	一季度	二季度	三季度	四季度	合计	合计（大写数字）
3	可乐	20	23.01	26.28	26.28		
4	雪碧	16.78	15.28	15.01	15.01		
5	橙汁	9.03	8.69	8.24	8.24		
6	椰汁	8.7	8.79	8.31	8.31		
7	汽水	6.4	6.1	6.41	6.41		
8	红茶	3.1	3.39	6.41	3.41		
9	绿茶	2.24	2.5	2.19	2.19		
10	果汁	7.93	7.56	7.08	37.08		
11	酸奶	8.49	8.07	8.37	8.37		
12	露露	4.22	3.65	4.01	4.01		
13	咖啡	13.11	12.96	10.69	10.69		

图 3-87　原始数据表

	A	B	C	D	E	F	G
1	某类产品市场份额统计表（万元）						
2	品牌	一季度	二季度	三季度	四季度	合计	合计（大写数字）(元)
3	可乐	20	23.01	26.28	26.28	¥95.57	玖拾伍万伍仟柒佰
4	雪碧	16.78	15.28	15.01	15.01	¥62.08	陆拾贰万零捌佰
5	橙汁	9.03	8.69	8.24	8.24	¥34.20	叁拾肆万贰仟
6	椰汁	8.7	8.79	8.31	8.31	¥34.11	叁拾肆万壹仟壹佰
7	汽水	6.4	6.1	6.41	6.41	¥25.32	贰拾伍万叁仟贰佰
8	红茶	3.1	3.39	6.41	3.41	¥16.31	壹拾陆万叁仟壹佰
9	绿茶	2.24	2.5	2.19	2.19	¥9.12	玖万壹仟贰佰
10	果汁	7.93	7.56	7.08	37.08	¥59.65	伍拾玖万陆仟伍佰
11	酸奶	8.49	8.07	8.37	8.37	¥33.30	叁拾叁万叁仟
12	露露	4.22	3.65	4.01	4.01	¥15.89	壹拾伍万捌仟玖佰
13	咖啡	13.11	12.96	10.69	10.69	¥47.45	肆拾柒万肆仟伍佰

图 3-88　效果图

(2)给表格添加框线。

(3)将 A 列数据字体设置为红色字体，A2 单元格设置为 45 度。

(4)将"一季度"中大于 10 的用黄色进行填充。

(5)将"二季度"中低于平均值的图案颜色设为红色，图案样式为 25%灰色。

(6)将"三季度"与"四季度"中数据不一致的设置图案颜色为黑色，图案样式为 50%灰色。

(7)将"三季度"中重复的值设为蓝色填充。

(8)将"合计"列利用自动求和功能求得各个产品的年度销售合计，设置蓝色数据条和三色交通灯(无边框)图标集，并添加人民币符号、保留两位小数。

(9)将 G 列数据设置为中文大写数字。

(10)将 A1:G1 单元格合并后居中，单元格样式设置为强调文字颜色 1。

(11)利用替换功能将"橙汁"替换为"健力宝"。

<方法指导>

(1)考核知识点：本题重点是考核"条件格式"的使用。

(2)步骤(6)中对数据不一致进行设置的方法有两种：①先选中区域 D3:E3，然后单击"条件格式"，选择"使用公式确定要设置格式的单元格"，在"为符合此公式的值设置格式"中输入"=$D3<>$E3"，然后设置格式，再用"格式刷"刷 D4:E13 区域；②输入公式"=not(exact($D3,$E3))"，然后再设置格式，最后利用格式刷刷 D4:E13 区域即可。

综合实训四　奖金表的处理

打开 Z4.xlsx 工作簿，完成下列操作。

(1)在 Sheet1 中给数据加所有框线，如图 3-89 所示。

	A	B	C	D	E	F	G	H	I	J	K
1	职工号	姓名	性别	部门	1月	2月	3月	4月	5月	6月	半年合计
2	JC006	N1	女	文学院	243	323	355	243	363	255	1782
3	JC011	N2	女	数学学院	243	311	343	375	283	383	1938
4	JC019	N3	女	化学学院	307	331	363	335	363	243	1942
5	JC024	N4	男	化学学院	243	283	283	335	263	263	1670
6	JC027	N5	女	经济学院	263	339	343	375	263	243	1826
7	JC028	N6	女	经济学院	319	243	243	379	363	323	1870
8	JC032	N7	男	经济学院	251	347	343	323	283	355	1902
9	JC034	N8	女	经济学院	267	363	323	275	395	315	1938
10	JC002	N9	男	文学院	299	203	383	323	323	323	1854

图 3-89　原始数据表

(2)多字段排序：A 列"职工号"数据按单元格颜色排序，红色在底端，E 列"1 月"数据按字体颜色排序，绿色在顶端。

(3)将 3~6 月的数据中值最小的 10%项用紫色、加粗、倾斜表示出来。

(4)为"半年合计"列应用条件格式中的紫色数据条。

(5)在表格第一行插入一行，输入标题"半年奖金表"，宋体，字号 20；并将 A1:K1 单元格合并后居中，效果如图 3-90 所示。

	A	B	C	D	E	F	G	H	I	J	K
1					半年奖金表						
2	职工号	姓名	性别	部门	1月	2月	3月	4月	5月	6月	半年合计
3	JC006	N1	女	文学院	243	323	355	*243*	363	255	1782
4	JC011	N2	女	数学学院	243	311	343	375	283	383	1938
5	JC019	N3	女	化学学院	307	331	363	335	363	*243*	1942
6	JC024	N4	男	化学学院	243	283	283	335	263	263	1670
7	JC027	N5	女	经济学院	263	339	343	375	263	*243*	1826
8	JC028	N6	女	经济学院	319	243	*243*	379	363	323	1870
9	JC032	N7	男	经济学院	251	347	343	323	283	355	1902
10	JC034	N8	女	经济学院	267	363	323	275	395	315	1938

图 3-90　效果图

(6)通过填充成组工作表，将 Sheet1 中的数据填充到 Sheet2 和 Sheet3 中。

(7)将 Sheet2 标签改为"平均奖"，按部门分类汇总 1 月、2 月和 3 月的平均奖，如图 3-91 所示。

(8) 将 Sheet3 标签改为"最高奖",按部门分类汇总 4 月、5 月和 6 月的最高奖,如图 3-92 所示。

(9) 插入新工作表,并将工作表重命名为"筛选"。

(10) 筛选出男性员工的奖金信息,将筛选结果粘贴到"筛选"工作表中。

D	E	F	G
部门	1月	2月	3月
化学学院 平均值	260	327	322
经济学院 平均值	294	309	315
数学学院 平均值	244	311	311
文学院 平均值	249	274	310
总计平均值	263	307	315

图 3-91 平均奖效果图

D	E	F	G	H	I	J
部门	1月	2月	3月	4月	5月	6月
化学学院 最大值				383	383	355
经济学院 最大值				379	395	383
数学学院 最大值				375	387	383
文学院 最大值				363	363	355
总计最大值				383	395	383

图 3-92 最高奖金效果图

<方法指导>

(1) 步骤(7):选定数据区域,再按 Ctrl 键+单击选定要填充的表或按 Shift+单击选定连续工作表,最后单击"开始"→"编辑"→"填充"→"成组工作表"命令。

(2) 步骤(8):按"部门"排序,再单击"数据"→"分级显示"→"分类汇总"命令。

综合实训五 数据表的统计和设置

打开 Z5.xlsx 工作簿,完成下列操作。

(1) 在 Sheet1(图 3-93)中,填充如图 3-94 所示的序列。

	A	B	C	D
1	按日填充	按月填充	按年填充	按工作日填充
2	2012/6/1	2012/6/1	2012/6/1	2012/6/1
3				
4				
5				
6				
7				
8				

图 3-93 给定数据

	A	B	C	D
1	按日填充	按月填充	按年填充	按工作日填充
2	2012/6/1	2012/6/1	2012/6/1	2012/6/1
3	2012/6/2	2012/7/1	2013/6/1	2012/6/4
4	2012/6/3	2012/8/1	2014/6/1	2012/6/5
5	2012/6/4	2012/9/1	2015/6/1	2012/6/6
6	2012/6/5	2012/10/1	2016/6/1	2012/6/7
7	2012/6/6	2012/11/1	2017/6/1	2012/6/8
8	2012/6/7	2012/12/1	2018/6/1	2012/6/11

图 3-94 填充效果图

(2) 在 Sheet2 中为数据添加所有框线,所有数据自动调整列宽,将 Sheet2 中的内容复制到 Sheet3 中。

(3) 在 Sheet2 中自定义页边距,上下左右均为 2。

(4) 在 Sheet2 中设置纸张大小为 A4 纸。

(5) 在 Sheet2 中设置纸张方向为"横向"。

(6) 在 Sheet2 中的 A21 单元格插入分页符。

(7) 在 Sheet2 中设置数据区在打印预览时的水平垂直居中。

(8) 在 Sheet2 中设置页面背景为考生文件夹中的图片"背景.JPG"。

(9) 新建 4 个工作表 Sheet4、Sheet5、Sheet6、Sheet7,将其分别命名为"第 1 车间"、"第 2 车间"、"第 3 车间"和"第 4 车间",并将其标签颜色分别设置成红色、浅蓝色、黄色和紫色。

(10) 在 Sheet3 中 G 列后增加"一季度合计",并添加框线,并计算季度合计额,合计额为三个月的数值之和,所有数据自动调整列宽。

图 3-95　"序列"对话框

（11）在Sheet3中分别筛选出每个车间"一季度合计"中大于等于700小于等于800的人员信息，并将筛选结果分别复制到"第1车间"、"第2车间"、"第3车间"和"第4车间"工作表中，所有数据自动调整列宽。

<方法指导>

（1）选定所要填充的数据范围，单击"开始"→"编辑"→"填充"→"系列"命令，在打开"序列"对话框中选择"日"/"工作日"/"月"/"年"，单击"确定"按钮，如图3-95所示。

（2）在 Sheet2 中，选定所有数据并右击，在弹出的快捷菜单中选择"设置单元格格式"命令，切换到"边框"选项卡，选择"线型"，单击"外边框"，再单击"内部"。再单击"开始"→"单元格"→"格式"→"自动调整列宽"。选择"数据"为"复制"，单击 Sheet3，单击"粘贴"按钮。

（3）在 Sheet2 中，单击"页面布局"→"页边距"→"自定义边距"，设置页面的上、下、左、右均为2，如图3-96所示。

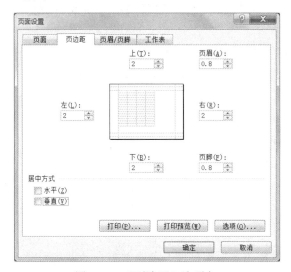

图 3-96　"页边距"选项卡

（4）单击"页面布局"→"纸张大小"→"A4"。

（5）单击"页面布局"→"纸张方向"→"横向"。

（6）将光标移动到 A21 单元格或 21 行中，单击"页面布局"→"分隔符"→"插入分页符"。

（7）单击"页面布局"→"页边距"→"自定义边距"，居中方式：选中"水平"和"垂直"复选框，如图3-97所示。

（8）单击"页面布局"→"背景"，选择背景图片，单击"插入"按钮。

（9）单击"插入工作表"4次，插入4张工作表并右击，在弹出的快捷菜单中选择"重命名"命令，再次右击，在弹出的快捷菜单中选择"选择工作表标签颜色"命令。

（10）选中全部数据，加上框线。单击H2，单击 Σ 自动求和 ▾ 按钮，按 Enter 键，然后拖动

自动填充柄进行求和或者双击自动填充柄求和。选中所有数据，再单击"开始"→"单元格"→
"格式"→"自动调整列宽"命令。

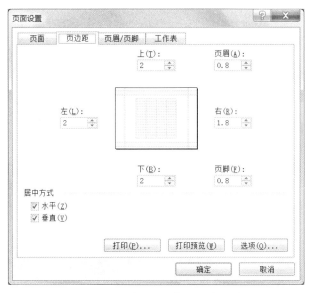

图 3-97　页边距对话框—居中方式

（11）单击"排序和筛选"→"筛选"，然后单击"部分"右侧的向下箭头，选择"第 1
车间"，最后再单击"一季度合计"右侧的向下箭头，选择"数字筛选"为"介于"，分别输
入"700"与"800"，如图 3-98 所示，单击"确定"按钮。选定全部数据，执行"复制"命
令，再粘贴到第 1 车间中，效果如图 3-99 所示。

图 3-98　"自定义自动筛选"方式对话框

	A	B	C	D	E	F	G	H
1	职工号	姓名	性别	部门	1月	2月	3月	一季度合计
6	JC005	N5	男	第1车间	227	175	323	725
8	JC007	N7	男	第1车间	179	243	303	725

图 3-99　最后效果

第三部分　Excel 2010 创新实训

创新实训一　职工表中信息的处理

　　我国身份证号含有以下信息：假设身份证号都是 18 位的情况，前 6 位代表 2 位省\2 位市\2 位县区的代码(首次办理身份证所在地)；第 7～14 共 8 位代表出生年月日；性别在倒数第二位，奇数是男性，偶数是女性。在 C1 文件夹中，打开 C1.xlsx 工作簿，根据如图 3-100 所给的数据信息——身份证号，使用函数实现(手工直接输入无效)。

	A	B	C	D	E	F	G
1	职工表						
2	职工号	姓名	身份证号	性别	出生日期	退休日期	称谓
3	A001	张M1	510100195301021235				
4	A002	张M2	510100195812116543				
5	A003	张M3	510100196012121465				
6	B001	王M1	510100195912131651				
7	B002	王M2	510100196211102168				
8	B003	王M3	510100196011111071				
9	C001	李M1	510100195811121863				
10	C002	李M2	510100196010103223				
11	C003	李M3	510100196212122353				

图 3-100　原始数据表

　　(1)根据身份证号填写性别。

　　(2)根据身份证号填写出生日期。

　　(3)根据出生日期填写退休日期，退休条件为男性 60 岁退休，女性 55 岁退休。

　　(4)根据姓名、性别填写称谓。其效果如图 3-101 所示。

	A	B	C	D	E	F	G
1	职工表						
2	职工号	姓名	身份证号	性别	出生日期	退休日期	称谓
3	A001	张M1	510100195301021235	男	1953/01/02	2013/01/02	张先生
4	A002	张M2	510100195812116543	女	1958/12/11	2013/12/11	张女士
5	A003	张M3	510100196012121465	女	1960/12/12	2015/12/12	张女士
6	B001	王M1	510100195912131651	男	1959/12/13	2019/12/13	王先生
7	B002	王M2	510100196211102168	女	1962/11/10	2017/11/10	王女士
8	B003	王M3	510100196011111071	男	1960/11/11	2020/11/11	王先生
9	C001	李M1	510100195811121863	女	1958/11/12	2013/11/12	李女士
10	C002	李M2	510100196010103223	女	1960/10/10	2015/10/10	李女士
11	C003	李M3	510100196212122353	男	1962/12/12	2022/12/12	李先生

图 3-101　计算后效果图

<方法指导>

(1)步骤(1)的公式为：=IF(MOD(MID(C3,17,1),2)=1,"男","女")。

(2)步骤(2)的公式为：=DATE(MID(C3,7,4),MID(C3,11,2),MID(C3,13,2))。

(3)步骤(3)的公式为：=IF(D3="男",DATE(YEAR(E3)+60,MONTH(E3),DAY(E3)),DATE(YEAR(E3)+55, MONTH(E3), DAY(E3)))。

(4)设置两位月日格式：选中日期，设置单元格格式，自定义，将类型"yyyy/m/d"更改为"yyyy/mm/dd"。

(5)步骤(4)的公式为：=LEFT(B3,1) & IF(D3="男","先生","女士")。

创新实训二　成绩表的处理

在 C2 文件夹中，打开 C2.xlsx 工作簿(图 3-102)，按照下面的要求将相应的内容填入到工作表 1 中的"通过否"、"补笔试"、"补上机"、"平均分"单元格中，必须以公式的形式填写(手工填写无效)。效果如图 3-103 所示。

	A	B	C	D	E	F	G	H
1	学生成绩统计表							
2	学号	姓名	性别	笔试成绩	上机成绩	通过否	补笔试	补上机
3	2012660101	NA1	女	90	98			
4	2012660102	NA2	男	87	89			
5	2012660103	NA3	女	58	88			
6	2012660104	NA4	男	65	78			
7	2012660105	NA5	男	66	61			
8	2012660106	NA6	男	76	59			
9	2012660107	NA7	女	89	98			
10	2012660108	NA8	女	98	99			
11	2012660109	NA9	男	78	87			
12	2012660110	NA10	男	67	76			

图 3-102　原始数据表

	A	B	C	D	E	F	G	H
1	学生成绩统计表							
2	学号	姓名	性别	笔试成绩	上机成绩	通过否	补笔试	补上机
3	2012660101	NA1	女	90	98	优秀		
4	2012660102	NA2	男	87	89	良好		
5	2012660103	NA3	女	58	88	没过	补考	
6	2012660104	NA4	男	65	78	合格		
7	2012660105	NA5	男	66	61	合格		
8	2012660106	NA6	男	76	59	没过		补考
9	2012660107	NA7	女	89	98	良好		
10	2012660108	NA8	女	98	99	优秀		
31	2012660129	NA29	男	83	87	良好		
32	平均分			75.9	84.8			

图 3-103　计算后效果图

(1)通过否：笔试、上机都为 90 分及以上，结论为"优秀"；笔试、上机都达到 80 分及以上，但其中有一科或两科在 90 分以下，结论为"良好"；笔试、上机都在 60 分及以上，但其中一科在 80 分以下，结论为"合格"。

(2)补笔试条件为 60 分以下；补上机条件为 60 分以下。

(3)计算笔试、上机的平均分(注意,效果图中许多行是隐藏了的,做题时不需要隐藏)。

<方法指导>

(1)F3 单元格的公式为:=IF(AND(D3>=90,E3>=90),"优秀",IF(AND(D3>=80,E3>=80),"良好",IF(AND(D3>=60,E3>=60),"合格","没过"))).

(2)补笔试公式为:=IF(D3<60,"补考","")。

(3)补上机公式为:=IF(E3<60,"补考","")。

创新实训三 考试座位号的编排

在 C3 文件夹中,打开 C3.xlsx 工作簿(图 3-104),给考生按照随机方法分配座位编号。在考试考务组织过程中,考生的准考证号码是按一定顺序分配的,但在考场中,往往要求其座位号是随机的,这种随机座位号的效果如图 3-105 所示。

	A	B	C	D
1	学号	姓名	性别	考试座位号
2	2012660101	NM1	男	
3	2012660102	NM2	男	
4	2012660103	NM3	女	
5	2012660104	NM4	男	
6	2012660105	NM5	男	
7	2012660106	NM6	女	
8	2012660107	NM7	男	
9	2012660108	NM8	男	
10	2012660109	NM9	男	

图 3-104 原始数据表

	A	B	C	D	E
1	学号	姓名	性别	考试座位号	
2	2012660101	NM1	男	7	0.7804769
3	2012660102	NM2	男	21	0.2456096
4	2012660103	NM3	女	15	0.403132
5	2012660104	NM4	男	25	0.1901063
6	2012660105	NM5	男	12	0.5955134
7	2012660106	NM6	女	2	0.8604276
8	2012660107	NM7	男	20	0.2590403
9	2012660108	NM8	男	16	0.3940739
10	2012660109	NM9	男	29	0.0365316

图 3-105 计算后的效果

<方法指导>

(1)在 E 列产生随机数:=RAND()。

(2)根据随机数排序,生成座位号。实际结果与上面效果一般不会一样,而是一个随机值。图 3-99 中只给出了部分结果。

创新实训四 各部门金额合计的计算

在 C4 文件夹中,打开 C4.xlsx 工作簿(图 3-106),计算应发金额、扣税所得额、个人所得税、实发金额,计算各部门实发金额的合计。最后效果如图 3-106 所示。

计算方法:

(1)应发金额=基本工资+奖金+住房补助+车费补助-保险金-请假扣款。

(2)扣税所得额的计算方法:如应发金额少于 1000 元,则扣税所得额为 0;否则,扣税所得额为应发金额减去 1000 元。

(3)个人所得税的计算方法:

扣税所得额<500　　　　　　　　个人所得税=扣税所得额×5%

500<=扣税所得额<2000　　　　　个人所得税=扣税所得额×10%-25

2000<=扣税所得额<5000　　　　　个人所得税=扣税所得额×15%-125

A	B	C	D	E	F	G	H	I	J	K	L	M
员工编号	员工姓名	所在部门	基本工资	奖金	住房补助	车费补助	保险金	请假扣款	应发金额	扣税所得额	个人所得税	实发金额
1001	X1	人事部	3000	300	100	0	200	20				
1002	X2	行政部	2000	340	100	120	200	23				
1003	X3	财务部	2500	360	100	120	200	14				
1004	X4	销售部	2000	360	100	120	200	8				
1005	X5	业务部	3000	340	100	120	200	9				
1006	X6	人事部	2000	300	100	120	200	50				
1007	X7	行政部	2000	300	100	0	200	36				
1008	X8	财务部	3000	340	100	120	200	40				
1009	X9	销售部	2500	250	100	120	200	60				
1010	X10	业务部	1500	450	100	120	200	25				
1011	X11	财务部	2000	360	100	0	200	26				
1012	X12	销售部	3000	360	100	120	200	39				
1013	X13	业务部	2500	120	100	120	200	48				
1014	X14	人事部	3000	450	100	120	200	52				
1015	X15	行政部	2000	120	100	120	200	16				
1016	X16	财务部	3000	120	100	120	200	54				
1017	X17	销售部	2000	450	100	0	200	16				
1018	X18	业务部	2500	450	100	120	200	49				
		所在部门	总计									
		人事部										
		行政部										
		财务部										
		销售部										
		业务部										

图 3-106　原始数据表

(4) 实发金额=应发金额–个人所得税，结果如图 3-107 所示。

<方法指导>

(1) 写出公式应发金额=基本工资+奖金+住房补助+车费补助–保险金–请假扣款。

(2) 各部分总计使用 SUMIF( ) 函数。

A	B	C	D	E	F	G	H	I	J	K	L	M
员工编号	员工姓名	所在部门	基本工资	奖金	住房补助	车费补助	保险金	请假扣款	应发金额	扣税所得额	个人所得税	实发金额
1001	X1	人事部	3000	300	100	0	200	20	¥3,180.00	¥2,180.00	¥202.00	¥2,978
1002	X2	行政部	2000	340	100	120	200	23	¥2,337.00	¥1,337.00	¥108.70	¥2,228
1003	X3	财务部	2500	360	100	120	200	14	¥2,866.00	¥1,866.00	¥161.60	¥2,704
1004	X4	销售部	2000	360	100	120	200	8	¥2,372.00	¥1,372.00	¥112.20	¥2,260
1005	X5	业务部	3000	340	100	120	200	9	¥3,351.00	¥2,351.00	¥227.65	¥3,123
1006	X6	人事部	2000	300	100	120	200	50	¥2,270.00	¥1,270.00	¥102.00	¥2,168
1007	X7	行政部	2000	300	100	0	200	36	¥2,164.00	¥1,164.00	¥91.40	¥2,073
1008	X8	财务部	3000	340	100	120	200	40	¥3,320.00	¥2,320.00	¥223.00	¥3,097
1009	X9	销售部	2500	250	100	120	200	60	¥2,710.00	¥1,710.00	¥146.00	¥2,564
1010	X10	业务部	1500	450	100	120	200	25	¥1,945.00	¥945.00	¥69.50	¥1,876
1011	X11	财务部	2000	360	100	0	200	26	¥2,234.00	¥1,234.00	¥98.40	¥2,136
1012	X12	销售部	3000	360	100	120	200	39	¥3,341.00	¥2,341.00	¥226.15	¥3,115
1013	X13	业务部	2500	120	100	120	200	48	¥2,592.00	¥1,592.00	¥134.20	¥2,458
1014	X14	人事部	3000	450	100	120	200	52	¥3,418.00	¥2,418.00	¥237.70	¥3,180
1015	X15	行政部	2000	120	100	120	200	16	¥2,124.00	¥1,124.00	¥87.40	¥2,037
1016	X16	财务部	3000	120	100	120	200	54	¥3,086.00	¥2,086.00	¥187.90	¥2,898
1017	X17	销售部	2000	450	100	0	200	16	¥2,334.00	¥1,334.00	¥108.40	¥2,226
1018	X18	业务部	2500	450	100	120	200	49	¥2,921.00	¥1,921.00	¥167.10	¥2,754
		所在部门	总计									
		人事部	5348									
		行政部	6338									
		财务部	10835									
		销售部	10164									
		业务部	10211									

图 3-107　计算后效果图

创新实训五　数据查询

在 C5 文件夹中，打开 C5.xlsx 工作簿，Sheet1 表中存放某学校职工的基本信息情况，如图 3-108 所示。在 Sheet2 表中制作如图 3-109 所示的职工简历，并根据 Sheet1 表中的职工数据，在 Sheet2 表中"姓名"单元格输入"李小梦"，其他空单元格位置内容利用函数从 Sheet1 表中搜索到"李小梦"的信息，并自动生成如图 3-110 所示的结果。（注意：图 3-110 中浅蓝色背景区域的内容除"李小梦"外，其他信息是将 Sheet1 表中李小梦的信息填入到相应位置，直接输入不得分。）

姓名	性别	民族	籍贯	出生日期	学历	毕业学校及专业	工作时间	职称	现任职务
张晓芬	女	汉	北京	1960年2月3日	博士	上海交大，自动化	1984年8月12日	教授	主任
李小梦	男	苗	四川	1970年3月6日	本科	华中工大，机械	1995年8月1日	副教授	副主任
王小丽	女	汉	上海	1976年12月3日	研究生	电子科技大学，外贸	2001年8月1日	副教授	教研室主任
王梦	男	汉	南京	1970年1月1日	博士	北京大学，数学	1995年7月1日	副教授	教研室主任

图 3-108　原始数据表

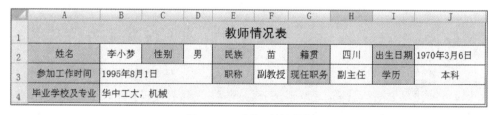

图 3-109　制作表格样式

教师情况表									
姓名	李小梦	性别	男	民族	苗	籍贯	四川	出生日期	1970年3月6日
参加工作时间	1995年8月1日			职称	副教授	现任职务	副主任	学历	本科
毕业学校及专业	华中工大，机械								

图 3-110　查询后效果图

<方法指导>

（1）在 D2 单元格中输入公式：=LOOKUP（B2,Sheet1!$A$3:$A$6,Sheet1!$B$3:$B$6）。

（2）其余单元格同理。

第 4 章　PowerPoint 2010 实训

第一部分　基础部分

（素材：文件夹 p1）

实训项目一　演示文稿的建立与内容输入

一、实训目的

(1)掌握演示文稿的新建方法，利用模板和主题新建所需要的不同类型的演示文稿。

(2)熟悉不同的视图模式。

二、实训内容

【实训 4-1-1】 演示文稿的新建。

启动 PowerPoint 2010 软件，分别根据"主题"和"模板"练习新建演示文稿，如图 4-1～图 4-3 所示。

图 4-1　新建演示文稿

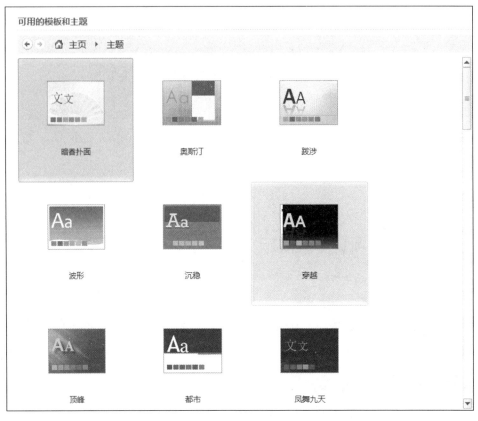

图 4-2　根据已有主题新建演示文稿

图 4-3　根据 Office.com 模板新建演示文稿

<注意事项>

(1)在 PowerPoint 中，存在演示文稿和幻灯片两个概念，使用 PowerPoint 制作出来的整个文件称为演示文稿。而演示文稿中的每一页称为幻灯片，每张幻灯片都是演示文稿中既相互独立又相互联系的内容。

（2）熟悉利用模板和在线主题新建所需要的不同类型的演示文稿。

【实训 4-1-2】　演示文稿内容的输入。

对新建的演示文稿插入 5 张新幻灯片，如图 4-4 所示。

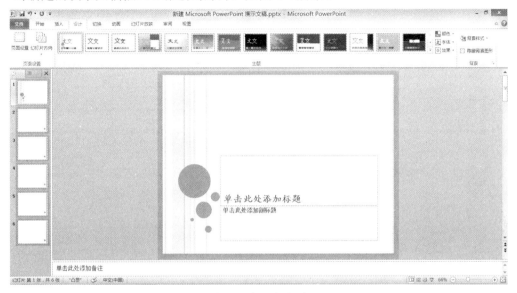

图 4-4　插入幻灯片

<注意事项>

通过不同的方法实现幻灯片的插入。

【实训 4-1-3】　演示文稿内容的输入与排版。

按如图 4-5～图 4-10 所示文字，对演示文稿内容进行输入与排版。

图 4-5　演示文稿内容的输入(1)

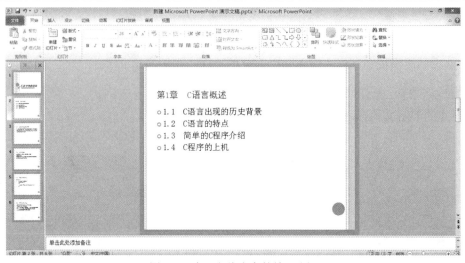

图 4-6　演示文稿内容的输入(2)

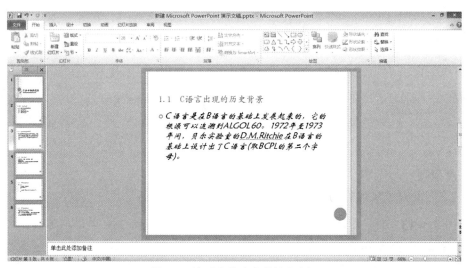

图 4-7　演示文稿内容的输入(3)

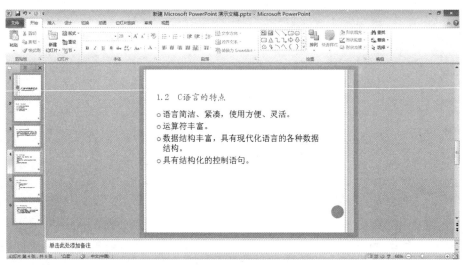

图 4-8　演示文稿内容的输入(4)

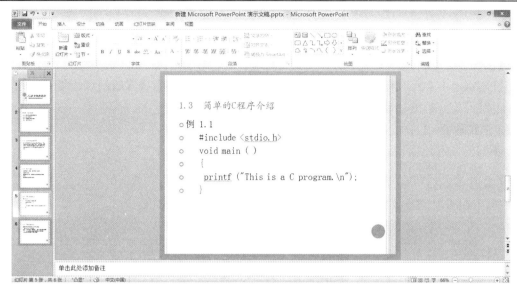

图 4-9　演示文稿内容的输入(5)

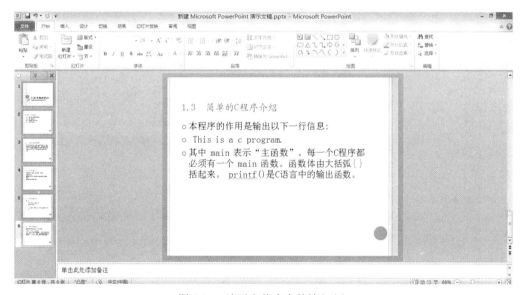

图 4-10　演示文稿内容的输入(6)

<注意事项>

实训知识点：演示文稿内容的输入。

实训项目二　幻灯片的插入、复制、移动、隐藏、删除

一、实训目的

(1)掌握幻灯片的插入、删除、移动、隐藏方法。

(2)掌握相关操作的快捷键。

二、实训内容

【实训 4-2-1】 演示文稿中幻灯片的插入、复制、移动。

在实训 4-1-3 所示演示文稿末尾插入 1 张幻灯片，将该张新插入的幻灯片复制 1 张至末尾，并练习幻灯片的移动，如图 4-11 所示。

<注意事项>

不同的插入、复制、移动的方法的操作。

【实训 4-2-2】 演示文稿中幻灯片的隐藏、删除。

练习隐藏/取消隐藏第 7 页幻灯片，并删除第 8 页幻灯片（图 4-12）。

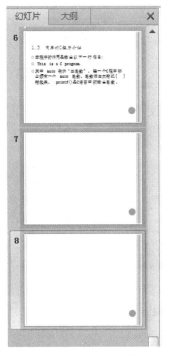 

图 4-11　幻灯片的插入、复制、移动　　　　　图 4-12　幻灯片的隐藏、删除

<注意事项>

(1) 隐藏、删除幻灯片的方法。

(2) 隐藏、删除幻灯片的区别。

实训项目三　对象的插入、修改、删除

（图片、音频、视频文件、艺术字和超链接）

一、实训目的

(1) 掌握音频、图片、艺术字、视频等对象的插入方法。

(2) 掌握音频、图片、艺术字、视频等对象的编辑。

(3)掌握超链接的制作与编辑。

二、实训内容

【实训 4-3-1】　对象的插入、修改、删除(图片、自选图形)。

删除第一页标题文字以及文本框,插入艺术字"C 程序设计",并适当缩放其大小,如图 4-13 所示。

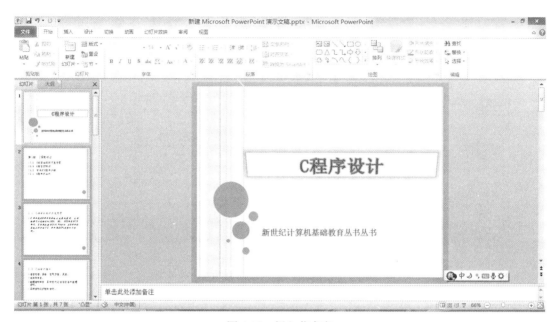

图 4-13　插入艺术字

在第 7 页添加如下文字,并插入图片 turbo C.jpg,如图 4-14 所示,并对其进行编辑。

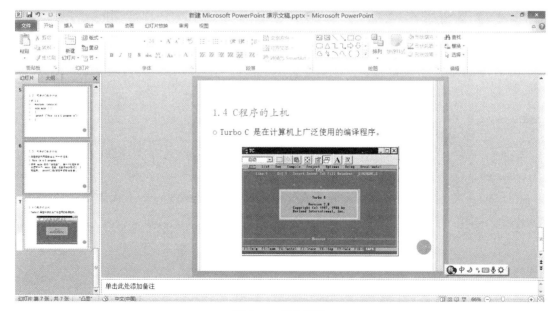

图 4-14　插入图片

<注意事项>

(1)练习各种对象的插入方法。

(2)练习各种对象的编辑方法。

(3)练习各种对象的删除方法。

【实训 4-3-2】 超链接的设置，音频的插入。

对第 2 页的文字设置超链接，如图 4-15 和图 4-16 所示。

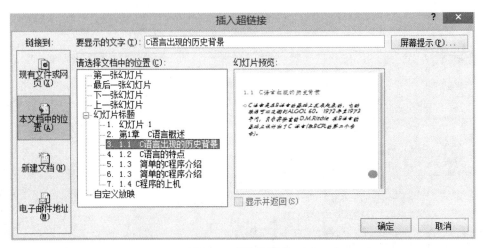

图 4-15　设置超链接

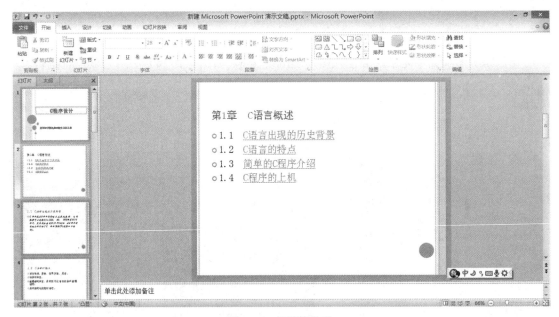

图 4-16　超链接效果

在第 1 页插入音频"明天会更好.mp3"，设置为"自动播放"，并且在放映时隐藏声音图标，如图 4-17 所示。

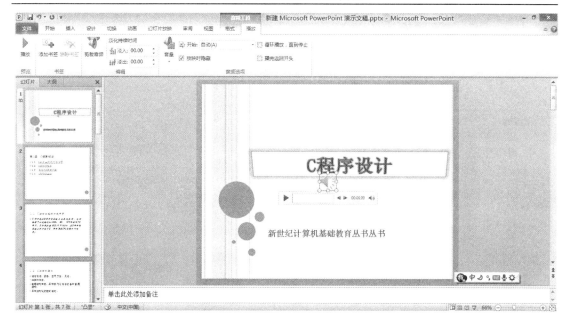

图 4-17　插入音频

<注意事项>

(1) 超链接的编辑，音频、视频的插入。

(2) 视频的插入方法与音频类似。

实训项目四　幻灯片动画的设置

（动作按钮、自定义动画、动画预览、声音设计）

一、实训目的

(1) 对幻灯片不同的对象设置不同类型的动画效果。

(2) 掌握幻灯片母版的使用。

二、实训内容

幻灯片动画的设置（知识点：动作按钮、自定义动画、动画预览、声音设计）。

【实训 4-4-1】　动作按钮的设置。

利用母版，对第 2～7 页幻灯片添加链接到第 2 页、上一页、下一页的动作按钮，如图 4-18～图 4-20 所示。

<注意事项>

母版的使用、动作按钮的设置。

【实训 4-4-2】　动画的设置。

在"动画"选项卡，打开"动画"窗格。查看 Office 2010 支持的动画效果，如图 4-21 所示。

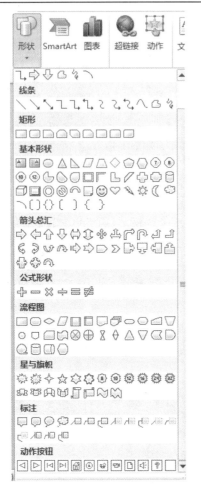

图 4-18　动作按钮

图 4-19　动作按钮的设置

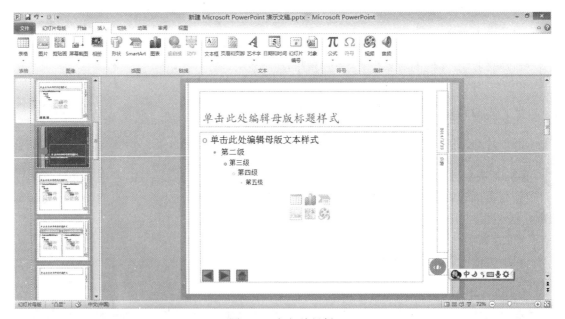

图 4-20　幻灯片母版

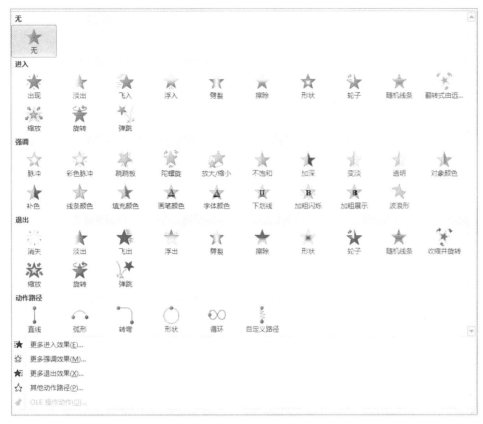

图 4-21 动画效果

对第 1 页的艺术字对象设置动画,如图 4-22、图 4-23 所示,并预览动画效果。

图 4-22 设置动画效果

图 4-23 设置动画计时

对第 2 页文字,设置缩放的进入动画效果,如图 4-24、图 4-25 所示,并预览动画效果。

<注意事项>

(1)动画的设置方法。

(2)注意“开始”、“方向”、“速度”的设置。

图 4-24　添加动画

图 4-25　预览动画效果

【实训 4-4-3】　幻灯片切换与声音设置。

对第 3 页幻灯片设置切换效果，并设置切换声音，如图 4-26 所示。

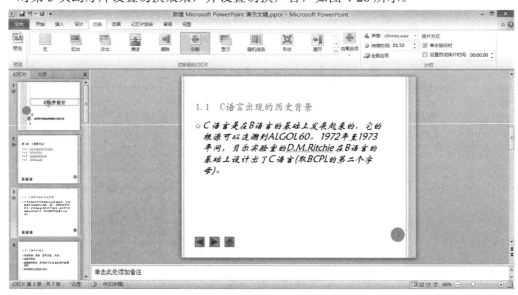

图 4-26　幻灯片切换

<注意事项>
幻灯片切换、声音设置。

实训项目五　放映方式的设置

一、实训目的

(1) 掌握演示文稿放映方式的设置。
(2) 掌握排练计时的设置。

二、实训内容

【实训 4-5-1】　放映方式的设置。

熟悉幻灯片放映方式与排练计时的设置，如图 4-27 和图 4-28 所示。

图 4-27　设置幻灯片放映方式

图 4-28　排练计时

<注意事项>
(1) 幻灯片的放映。
(2) 不同放映快捷键的使用。

第二部分　PowerPoint 综合实训

综合实训一　自我介绍

制作自我介绍幻灯片(素材：文件夹 p2)，如图 4-29 所示。

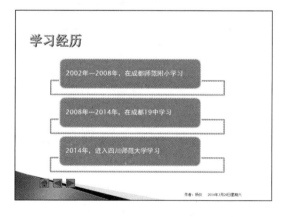

图 4-29　自我介绍

（1）新建演示文稿，并添加 6 张幻灯片，选择幻灯片设计模板；

（2）在母版中为演示文稿添加动作按钮、页脚；

（3）在第 1 页插入艺术字，并对其设置动画；

（4）在第 2 页添加相应文字、剪贴画，设置动画，并设置超链接；

（5）在第 3 页添加相应文字、艺术字，设置动画；

（6）在第 4 页添加相应 SmartArt、剪贴画，设置动画；

（7）在第 5 页插入自选图形及表格，对其格式进行设置，并设置动画；

（8）在第 6 页插入视频、图片。

综合实训二　 iPhone 简介

制作 iPhone 介绍幻灯片（素材：文件夹 p3），如图 4-30 所示。

（1）打开"iPhone 模板.pptx"；

（2）添加 7 张幻灯片；

（3）在母版中插入图片，并设置动画；

（4）在每页中插入相应艺术字、图片、文字，并设置动画；

（5）在第 3 页中设置超链接。

高清摄像

○ 以高清格式拍摄你自己的影片。由于拥有先进的机背照度传感器和内置 LED 闪光灯，即使在弱光环境下也能捕捉精彩影像。再使用包含 Apple 设计的主题、标题和过渡效果的全新 iMovie 应用程序，就可直接在 iPhone 4 上剪辑并创造你自己的心血杰作。

多任务处理

○ iPhone 4 开创了多任务处理的新模式。现在，你可以同时运行多个喜爱的第三方应用程序，并在它们之间迅速切换，却不会让前台应用程序变慢，或不必要地消耗过多电量。
1 这种更智能的多任务处理方式仅在 iPhone 上提供。

RETINA 显示屏

○ iPhone 4 的 Retina 显示屏是迄今最清晰、最鲜活、分辨率最高的 iPhone 屏幕，像素数是之前 iPhone 的 4 倍。事实上，它的超高像素密度已超过肉眼能分辨的范围，让文字和画质都极度清楚锐利。

IPHONE 4

○ 当其他人还在尝试追赶 iPhone，苹果已在创造令人惊叹的全新功能，以使 iPhone 比以往更强大、更易用、更无可替代。成果就是你现在见到的 iPhone 4。iPhone 诞生以来最激动人心的事情，就是 iPhone 4 的诞生。

图 4-30　iPhone

第三部分　PowerPoint 创新实训

（素材：文件夹 p4）

一、实训目的

(1) 练习 PowerPoint 2010 的进阶制作，创建较为复杂的幻灯片。

(2) 学习在幻灯片中利用"开发工具"，加入 Flash 动画对象。

(3) 学习使用触发器。

二、实训内容

(1) 对新建的演示文稿插入 6 张幻灯片，并删除首页。

(2) 选择图片 back.jpg 作为幻灯片背景图片。

(3) 单击"文件"选项卡，选择"PowerPoint 选项"按钮，如图 4-31 所示。在出现的"PowerPoint 选项"对话框中单击"自定义功能区"，在"自定义功能区"和"主选项卡"下，选中"开发工具"复选框，如图 4-32 所示。

图 4-31　文件选项卡

打开"开发工具"菜单，单击"其他控件"按钮，如图 4-33 所示。在其他控件对话框中选择"shockwave flash object"选项，如图 4-34 所示。这时鼠标指针变成一个"十"字形，然后在标题位置上画出一个方框，这就是播放 Flash 的地方。在画出来的方框上右击，在弹出的快捷菜单中，选择"属性"命令，在"属性"对话框中选择"movie"，在它右边的框里填上 Flash 文件的完整路径。将"EmbedMovie"项中的"False"改为"True"，如图 4-35 所示。

图 4-32　PowerPoint 选项

图 4-33　"开发工具"选项卡

图 4-34　其他控件对话框

（4）在每一页中插入自选图形、文本框并输入相应文字，设置相关文字格式，如图 4-36～图 4-41 所示。

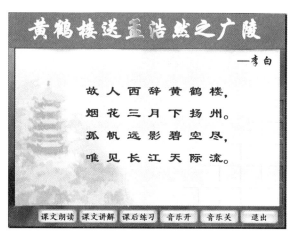

图 4-36　幻灯片内容的输入（1）

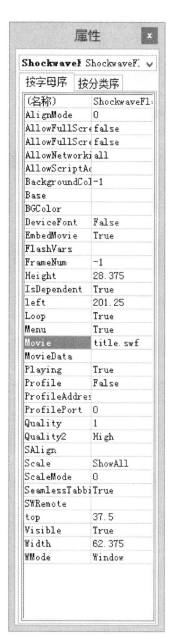

图 4-35　控件属性

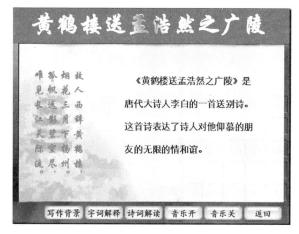

图 4-37　幻灯片内容的输入（2）

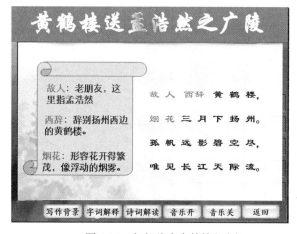

图 4-38　幻灯片内容的输入（3）

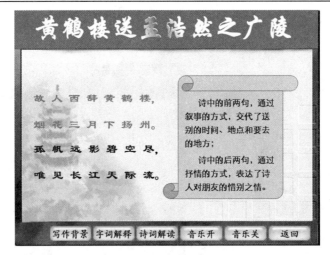

图 4-39　幻灯片内容的输入（4）

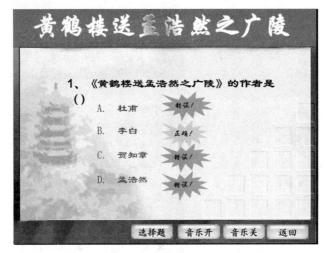

图 4-40　幻灯片内容的输入（5）

图 4-41　幻灯片内容的输入（6）

（5）对第 2 页、第 6 页文字设置相应动画，如图 4-42 和图 4-43 所示。

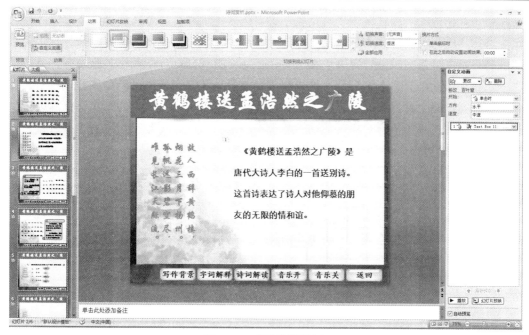

图 4-42　动画的设置(1)

图 4-43　动画的设置(2)

(6)在每一页底部添加相应自选图形，并输入相应文字，如图 4-36～图 4-41 所示。

(7)对除"音乐开"、"音乐关"、"课文朗读"之外的自选图形设置超链接。

(8)编辑音频。

①单击"插入声音"→"文件中的声音"，在相应的页面导入文件夹中三个音频文件，导入声音文件后会出现一个提示，问你是否需要在幻灯片放映时自动播放声音，选择"否"。

②单击"插入"→"形状"→"动作按钮"→"动作按钮：自定义"，在幻灯片中拖出

三个按钮，在出现的"动作设置"对话框中设置为"无动作"。分别选择三个按钮，在右键菜单中选择"编辑文本"命令，为三个按钮分别加上文字：课文朗读、音乐开、音乐关。

③将声音文件播放控制设定为用播放按钮控制。选择幻灯片中的小喇叭图标，单击"动画"→"自定义动画"，在幻灯片右侧出现"自定义动画"窗格，可以看到背景音乐已经加入了"自定义动画"窗格中，双击有小鼠标的那一格，出现"播放声音"对话框，选择"计时"选项卡，在"单击下列对象时启动效果"右侧的下拉框选择触发对象为"播放按钮"，单击"确定"按钮。

④将声音暂停控制设定为用暂停按钮控制。继续选择小喇叭图标，在"动画"选项卡单击"添加动画"→"暂停"。

⑤在"自定义动画"窗格下方出现了暂停控制格，双击控制格，出现"暂停声音"对话框，单击"触发器"按钮，在"单击下列对象时启动效果"右侧的下拉框中，选择触发对象为"暂停"按钮，单击"确定"按钮。

(9) 参考图 4-44、图 4-45 在第 3、4 页设置触发器。

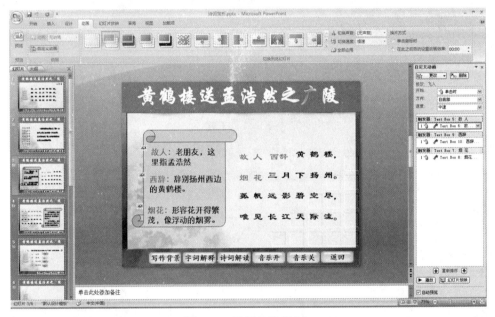

图 4-44　设置触发器(1)

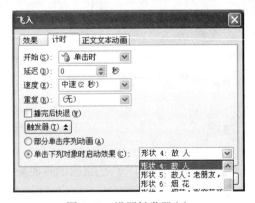

图 4-45　设置触发器(2)

（10）参考图 4-46、图 4-47 在第 5 页设置触发器。

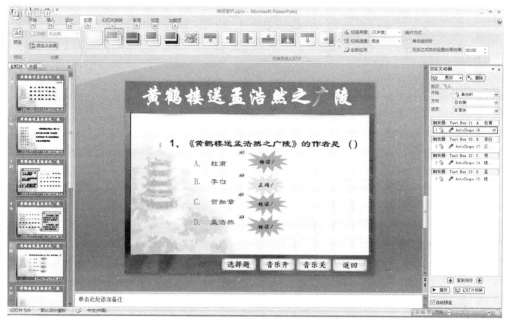

图 4-46　设置触发器（3）

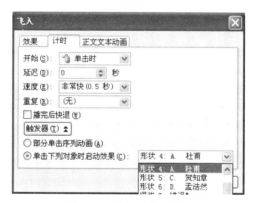

图 4-47　设置触发器（4）

第 5 章　Photoshop CS5 实训

实训项目一　Photoshop CS5 选区及基本操作

一、实训目的

(1)选区的创建与选区变化。

(2)选区的保存与载入。

(3)图像的各种变形操作以及复制、粘贴、粘贴入。

二、实训内容

在实际生活中，用户经常需要对不同的图片进行合成处理，然而要进行合成，首先要使用选择工具将需要的图像部分抠出来。本实例根据"光盘.jpg"和"封面照片.jpg"素材，制作光盘封面，练习基本选择工具的使用以及选区的保存和调用等功能。

<实训步骤>

1)选区的创建与选区变化

(1)单击"文件"→"打开"命令，选择"光盘.jpg"素材。

(2)用椭圆形选择工具将光盘的内环选中，如图 5-1 所示。

图 5-1　选区一创建

(3)用鼠标拖动进行工作区域选择，很难一次恰好选中，因此利用"选择"→"变化选区"命令，对选区进行调整，如图 5-2 所示。

图 5-2　选区一的变化

2) 选区的保存及运算

（1）使用"选择"→"保存选区"命令，以"内圆"作为选区名，把选择区域保存在通道中，按 Ctrl+D 键取消当前选择区域，如图 5-3 所示。

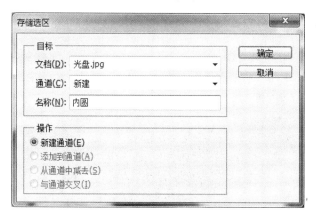

图 5-3　选区的保存

（2）按照相同方式，做出外圆选区，以"外圆"作为选区名，把选择区域保存在通道中。

（3）使用"选择"→"载入选区"命令，将"外圆"以"新建通道"方式载入到图像中；然后使用"选择"→"保存选区"命令，将"内圆"以"从选区中减去"方式载入到图像中，经过此操作，得到经过相减的光盘区域，如图 5-4～图 5-6 所示。

图 5-4 选区二创建

图 5-5 多选区的运算

图 5-6 最终选区

3) 图像的各种变形操作以及复制、粘贴、粘贴入

(1) 单击"文件"→"打开"命令，选择"封面照片.jpg"素材，将素材打开，按 Ctrl+A 键把图像全部选中，选择"编辑"→"拷贝"命令把选择区域内的图像复制到剪贴板中；再

次激活光盘文件窗口，选择"编辑"→"选择性粘贴"→"贴入"命令，把复制的图像粘贴到选择区域中，如图 5-7 所示。

图 5-7　图片的贴入

　　(2)单击"编辑"→"自由变化"命令，调整图片大小及位置，实线最终 CD 封面设计，如图 5-8 所示。

图 5-8　最终效果

<注意事项>
实训知识点：
(1)选区的创建与基本操作。

(2)图层选区对象的基本操作。

操作提示：

(1)对选区的移动不能用工具，只能随便选种选择工具，然后将工具放在选区内部，呈现状态，才能移动选区；对选区的变形只能用"选择"→"变化选区"命令，不能用"编辑"→"变化"命令。

(2)对选区内选中的部分要进行移动需要用移动工具，对选区内选中的图像部分进行变化，则要用"编辑"→"变化"命令，注意图像和选区的区别。

操作技巧："编辑"→"变化"命令可以用快捷键 Ctrl+T，对某个图层全选可以用快捷键 Ctrl+A。

实训项目二　Photoshop 文字及图层样式的应用

一、实训目的

(1)照片滤镜的使用。
(2)文字工具的使用。
(3)图层样式的设置。

二、实训内容

在平面设计中，我们经常需要制作各式各样有特色的文字，如火焰字、轮胎字、七彩文字等，要完成文字特效就必须了解文本工具、图层效果和各种滤镜的应用，在本实例中将利用文字工具和图层样式制作平滑玻璃上的文字。

＜实训步骤＞

1)照片滤镜的使用

(1)单击"文件"→"打开"命令，选择"雨点.jpg"素材。

(2)单击"图像"→"调整"→"照片滤镜"命令，使用"降温滤镜(80)"对图像增加蓝色的冷色调，如图 5-9 所示。

图 5-9　图像调整色温

2)文字的添加和设置

(1)选择文字工具，设置字体为"Arial Black"字体，输入文字，形成新的文字图层，用移动工具调整文字的显示位置，如图 5-10 所示。

图 5-10　文字添加

(2)在"图层"面板中选中文字图层，利用"图层"→"栅格化"命令，将文字图层装换为普通图层。

3)图层样式的设置

(1)在"图层"面板中单击"图层样式"按钮，为文字图层添加混合选项图层样式，将填充不透明度设置为 0。

(2)添加投影样式，投影可以对图层对象模拟光照效果投射出阴影，参数设置如图 5-11 所示。

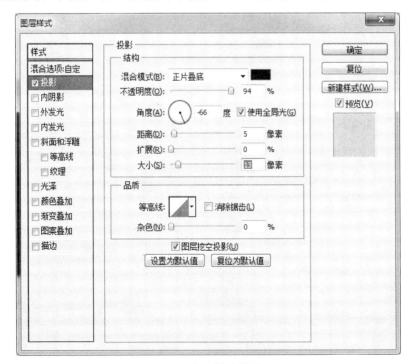

图 5-11　投影样式的设置

(3)添加内阴影图层样式，参数设置如图 5-12 所示。

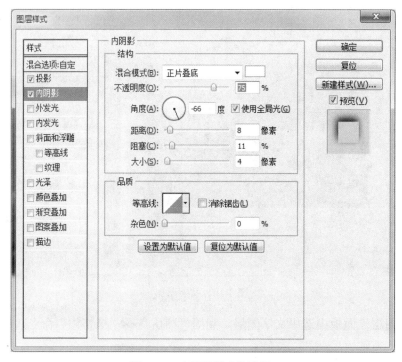

图 5-12　内阴影样式的设置

(4)添加内发光图层样式，参数设置如图 5-13 所示。

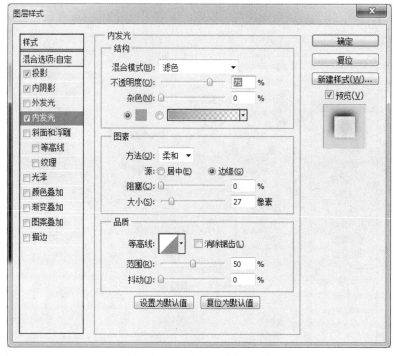

图 5-13　内发光样式的设置

(5)添加斜面和浮雕图层样式，参数设置如图 5-14 所示。

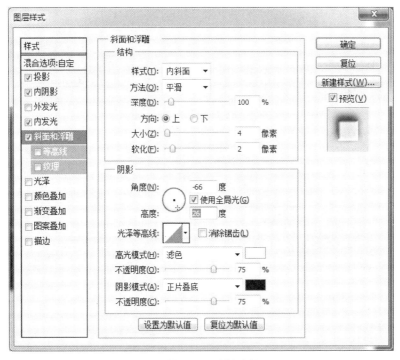

图 5-14　斜面和浮雕样式的设置

(6)添加光泽图层样式，参数设置如图 5-15 所示。

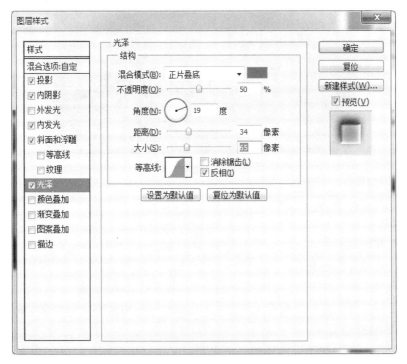

图 5-15　光泽图层样式的设置

(7)添加描边图层样式，参数设置如图 5-16 所示，最终效果如图 5-17 所示。

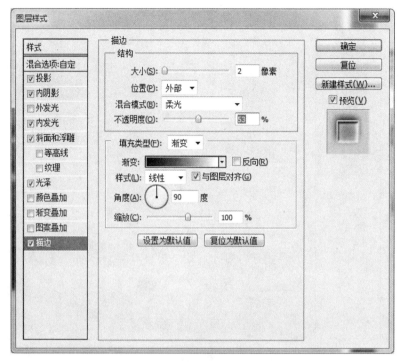

图 5-16　描边图层样式的设置

图 5-17　最终效果

<注意事项>

实训知识点：

(1)文字工具创建文字。

(2)图层样式的应用和设置。

操作提示：

(1)文字工具书写文字后形成的是文字层，在以后可以用文本工具对文字的字体、字号、内容等基本内容进行改变。

(2)文字层是不能添加图层样式的，如果要对文字层进行图层样式的设置，必须将文字层进行栅格化变成普通图层后，才能进行样式的设置。

（3）为文字图层添加图层样式，设置混合选项中的填充不透明为0后，图层中看不到文字显示了，因为希望过滤掉文字的本色，只用文字的轮廓形状。

（4）投影效果设置后，层的下方会出现一个轮廓和层的内容相同的"影子"，这个影子有一定的偏移量，该图层样式是常用的图层样式，可以通过设置不同的参数值来改变"影子"的偏移位置和偏移量，以及"影子"轮廓的大小和颜色。

（5）内阴影效果基本与投影式一样，投影效果可以理解为一个光源照射平面对象的效果，而内阴影则可以理解为光源照射球体的效果，希望同学们认真体会这两种样式效果的不同。

（6）外发光效果的层好像下面多出了一个层，这个假想层的填充范围比上面的略大，从而产生层的外侧边缘"发光"的效果。比如，太阳、月亮的光晕、灯泡的光晕都可以用外发光效果来实现。

（7）斜面和浮雕效果是 Photoshop 层样式中最复杂的，包括内斜面、外斜面、浮雕、枕状浮雕和描边浮雕，虽然每一项中包含的设置选项都是一样的，但是制作出来的效果却大相径庭，需要同学们认真努力去体会。

（8）光泽效果有时也称为"绸缎"，顾名思义可以创造图层对象表面的质感，制作金属、塑料、绸缎等物件时都要用到该图层样式，利用它可以在层的上方添加一个光泽效果，选项虽然不多，但很难精确把握，微小的设置差别都会使效果产生很大的变化，而且该效果还和图层的轮廓相关，参数设置即使完全一样，效果也千差万别。

（9）描边样式直观简单，就是用指定颜色沿着层中非透明部分的边缘描边，很常用。

实训项目三　逆光照片的处理

一、实训目的

（1）选区的创建。

（2）"阴影/高光"命令的使用。

（3）"曲线"命令的使用。

二、实训内容

随着单反相机的普及，摄影爱好者越来越多，直接出片的很少，摄影作品都要经过后期处理才能达到很好的效果，Photoshop 是做后期处理的利器。本例展示后期制作中很简单的一个功能：修复逆光照片。

<实训步骤>

1）选区的创建

（1）单击"文件"→"打开"命令，选择"修复逆光照片.jpg"素材。

（2）用磁性套索工具将人物选中，如图 5-18 所示。

（3）单击"选择"→"修改"→"羽化"命令，对选区进行 15 个像素的羽化以平滑选区。

2）"阴影/高光"命令的使用

（1）通过"图层"→"新建"→"通过拷贝的图层"命令，将人物选区单独复制成一个新图层，如图 5-19 所示，对新图层进行修改，以免破坏原始文件。

图 5-18　人物选区的创建

图 5-19　选区图层的复制

　　(2)利用"图像"→"调整"→"阴影/高光"命令，将阴影设置为 50%，将人物提亮，如图 5-20 所示。

　　3)曲线命令的使用

　　通过"图像"→"调整"→"曲线"命令，将输入值设置为 115，输出值设置为 137，进一步提高人物图层整体亮度，如图 5-21 所示。调整前后的效果如图 5-22 所示。

　　<注意事项>

　　实训知识点：

　　(1)磁性套索工具的使用，项目一中的基本选择工具只能选择规则形状的对象，如果待选对象属于不规则对象，则基本选择工具不适用，磁性套索工具在这里会发挥非常强大的作用，磁性套索会不断的打点确认选择，如果有落点错误，则用 Delete 键删除该选择点。

图 5-20　选区图像的提亮

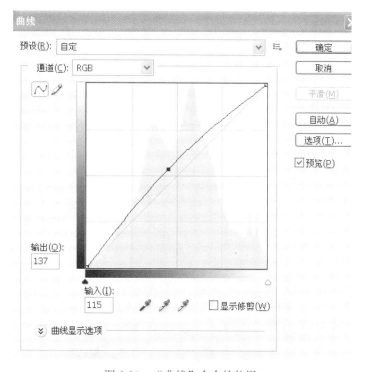

图 5-21　"曲线"命令的使用

图 5-22　效果对比

(2)图像调整菜单的具体应用。

操作提示：

(1)"阴影/高光"命令中，Photoshop 可以自动完成对图像中亮部区域和暗部区域的对比分析。在本实例中高光部分的曝光正常，因此只需要调整暗部区域的亮度值，具体值根据照片情况分析而定。

(2)图像调整中的"曲线"命令，是一个非常重要的调色命令，能够利用输入输出值的变化做出各种形态的曲线样式，描述光影的变化。

操作技巧：

"调整"→"曲线"命令可以用 Ctrl+M 快捷键快速调出进行设置。

实训项目四　图片背景的更换

一、实训目的

(1)复杂选区的创建。

(2)"曲线"命令的使用。

二、实训内容

对局部图像的更换和调节是经常进行的操作，在这种操作中，对复杂选区的构建是一个相当重要的问题，用磁性套索工具都不能很好地解决选区的问题，有时候需要结合图层复制功能进行"缝缝补补"，或者结合通道进行复杂选区的制作。

1)背景的更换

(1)通过"文件"→"打开"命令，打开"云海餐厅.jpg"和"蓝天素材.jpg"，如图 5-23 所示。

图 5-23　素材图片

（2）通过 Ctrl+A 命令，全选蓝天素材，利用移动工具，将素材拖至"云海餐厅.jpg"文件中，置于底层，如图 5-24 所示。

（3）利用"编辑"→"自由变换"命令，将"蓝天白云"素材的大小调整，与上层图像同宽。

（4）选中"云海餐厅"图层，利用磁性套索工具将天空部分仔细勾勒选出，然后用 Delete 键删掉，漏出下层的蓝天白云。

（5）要一次性将选区很好地完成是不可能的，在本实例中，还需要利用新建图层对细节问题进行处理，方法

图 5-24　图层的新建

如下：对需要修补的内容在原图中进行选择，然后利用"图层"→"新建"→"通过拷贝的图层"命令，形成一个新图层，然后移动位置，进行自由变化，与需要修补的地方进行重合，如此反复，将细节问题修补好。最终效果如图 5-25 所示。

图 5-25　背景的更换

2）色彩的调节

因为两张照片是在不同的光线情况下照的，色彩和光线差异很大，一看就不协调，所以必须要调节光照色彩等情况。

（1）选中"云彩"图层，对其降调。利用"图像"→"调整"→"照片滤镜"中加温滤镜 85 对其降调，浓度保持 25%。效果如图 5-26 所示。

（2）降调后，云彩和建筑物的光线及亮度不一致，看起来合成痕迹相当明显，所以利用"图像"→"调整"→"曲线"命令对"云彩"图层中间进行提亮，程度与建筑物的光亮保持视觉上的一致即可。经过简单的几步，终于可以摆脱雾霾，幻想我们生活在蓝天白云之下。最终效果如图 5-27 所示。

图 5-26　云彩降调效果

图 5-27　最终效果

<注意事项>

实训知识点：

(1)利用图层复制的方式对选区的细节问题进行修补。对需要修补的内容在原图中进行选择，然后利用"图层"→"新建"→"通过拷贝的图层"命令，形成一个新图层，然后移动位置，进行自由变化，与需要修补的地方进行重合，如此反复，将细节问题修补好。

(2)在图像调节中，曲线工具使用频率相当高，对输入输出要有正确的认识，并且在曲线工具中绘制不同的曲线形状可以得到不同的光亮效果，形成特殊的金属特效。

实训项目五　利用通道制作渐隐效果

一、实训目的

（1）Alpha 通道的建立。

（2）利用 Alpha 通道制作渐隐效果。

二、实训内容

乐趣无处不在，苹果也是梳妆台。使用 Alpha 通道可以存储选区。用户在 Alpha 通道中可以进行各种图像处理，将处理的结果以选区的方式载入到图像中，得到特殊的效果。

1）复制图像

（1）打开"蝴蝶.jpg"和"青苹果.jpg"，如图 5-28 所示。

图 5-28　打开素材

（2）用工具箱中的磁性套索工具将"蝴蝶"图像中的蝴蝶选中，再用移动工具拖动选择区域内的图像到苹果图像中，新图层自动命名为 layer1。效果如图 5-29 所示。

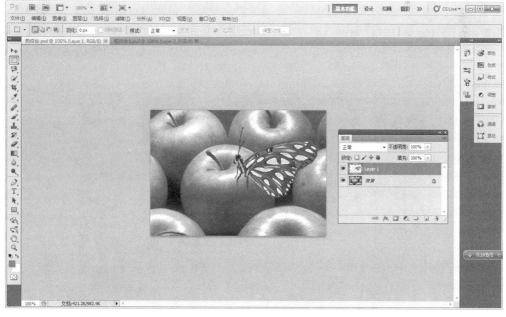

图 5-29　新图层的建立

(3)在"图层"面板中拖动"layer1"到"新建图层"按钮上,对选择图层进行复制操作,新图层为"layer1 副本"。执行"编辑"→"变化"→"水平翻转"命令将复制图层中的图像进行水平翻转,并选择"编辑"→"自由变化"命令进行缩放和透视变化,结果如图 5-30 所示。

图 5-30　新图层的复制和编辑

2)使用 Alpha 通道制作渐隐效果

(1)激活"通道"面板单击"新建通道"按钮,新建一个通道,新通道为"Alpha 1"。单击该通道,使其成为当前被编辑通道。选择并双击工具箱中的渐变工具,设置渐变方式为从深灰色到白色再到浅灰色的渐变方式。然后用鼠标在通道图像中从上到下拖动绘制渐变效果,如图 5-31 所示。

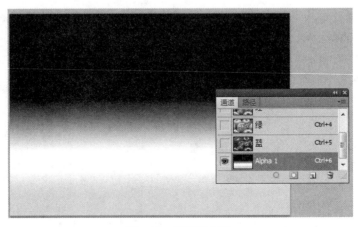

图 5-31　通道的创建

（2）单击"通道"面板中的 RGB 通道，使图像回到图稿编辑状态，选择"选择"→"载入选区"命令，将 Alpha1 通道中的选择区域载入。按 Delete 键，清除选择区域内的图像，使图像出现渐隐效果。并用相同的方式在其他苹果上制作渐隐的蝴蝶图像，最终效果如图 5-32 所示。

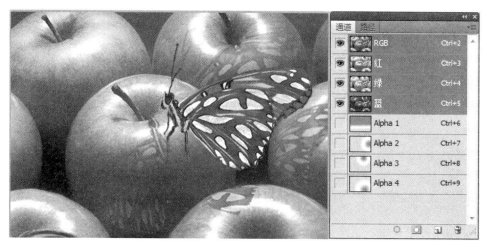

图 5-32　最终渐隐效果

<注意事项>

实训知识点：

（1）"变化"命令的中的水平翻转、垂直翻转、透视、倾斜等命令简单易懂，使用频率高，必须掌握。

（2）Alpha 通道是一个非常重要的知识点，Alpha 通道是通往 Photoshop 高手之路，该通道可以进行复杂选区的创建。在 Alpha 通道中，只有黑、白、灰三种颜色，白色代表选区，黑色代表非选区，灰色则代表一种过渡。在本例中，创建一个从黑到白到灰的 Alpha 通道图形，返回图像后，就代表从非选区到选区逐渐实现渐隐效果。

（3）利用 Alpha 通道不仅可以制作复杂选区，还可以在 Alpha 通道中对黑白灰图像进行各式各样的滤镜效果和调整效果，然后将其应用到图像中，实现多种特效的制作。

第6章　多媒体技术实训

实训项目一　制作个性化手机铃声

一、实训目的

(1)用 GoldWave 录音。

(2)录音合成。

二、实训内容

在使用手机时，每个人都希望有自己独特的铃声。本例就给大家介绍使用 GoldWave 软件录音并添加背景音乐，制作专属于自己的手机铃声。

1)录制语音

(1)将麦克风与计算机正确连接：将麦克风插头插到计算机的麦克风插口。

(2)声卡输入属性的正确设置：双击任务栏右下角的 ![]，打开"主音量"对话框，选择"选项"→"属性"命令，打开如图 6-1 所示"属性"对话框，在"混音器"选项右侧，选择"Realtek HD Audio input"，选择下面的三项音量控制，单击"确定"按钮，打开如图 6-2"录音控制"，在对话框中选中"麦克风"音量，并调整到合适的位置。

图 6-1　"属性"对话框

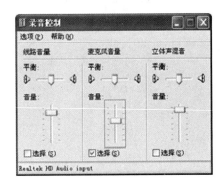

图 6-2　"录音控制"对话框

(3)采用恰当的采样参数：打开 GoldWave 软件，选择"文件"→"新建"命令，打开如图 6-3 所示的"新建声音"对话框，设置双声道，44100Hz 的采样速率，初始化长度为 30 秒，单击"确定"按钮。

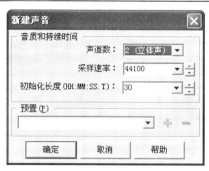

图 6-3　"新建声音"对话框

（4）开始录音：单击工具栏上的"录音"按钮——红色圆点键或者使用 Ctrl+F9 快捷键，就可以开始用麦克风录音了。

（5）停止录音：单击工具栏上的 ▮▮ 按钮，即可结束录音。

（6）保存声音文件：选择"文件"→"保存"命令，打开"保存声音为"对话框，保存文件为"录音.mp3"。

2）处理背景音乐

（1）打开背景音乐：从网上下载一首乐曲命名为"背景音乐"，在 GoldWave 中打开，载入背景音乐以后的界面如图 6-4 所示。

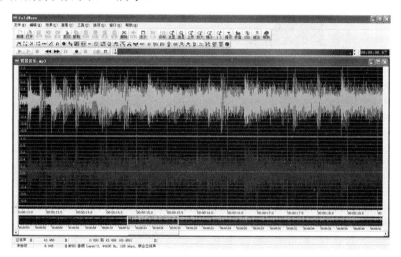

图 6-4　载入歌曲以后的主界面

（2）选择音乐片段：通过 ▶ ▷ ▪ ◀◀ ▶▶ ▮▮ ● 试听，找到想要制作成背景音乐那部分，如图 6-5 所示。首先在波形图上单击确定需要的音乐文件的开始，然后在波形图上右击确定音频文件的结尾。可以反复调节开始和结尾的地方，以选择想要的部分音乐，长度大约为 30 秒。

（3）编辑选定的音乐片段：有时截取的部分开头和结尾音量太高，突然开始和突然结尾听起来很不自然，所以就要用到"淡入"和"淡出"效果。单击 按钮，打开"外形音量"对话框。看到的一条直线，它就代表了这个铃声的音量变化，在直线的前端有个小圈，那就是铃声的开头，在它靠后点的地方点一下，又出现一个小点，然后把最前面的那个点往下拉到底，使两个点的直线变成斜坡；以同样的方法处理结尾部分。如图 6-6 所示，把开头和结尾都调好后，单击"确定"按钮即可。

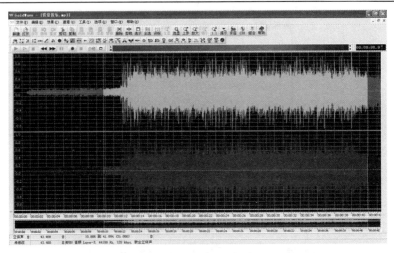

图 6-5　选定部分音乐

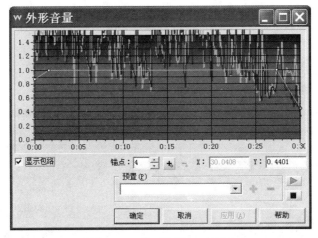

图 6-6　"外形音量"对话框

3）录音合成

将选定的部分按 Ctrl+C 快捷键复制以后，关掉背景音乐，打开 "录音.mp3"文件，选择"编辑"→"混音"命令，在该对话框中设置"进行混音的起始时间"为 0，音量约 50%，单击"确定"按钮即可。最后将混音以后的文件另存为"手机铃声.mp3"，即添加背景音乐以后的语音文件。

<注意事项>

（1）作为手机铃声，截取的歌曲片段长度一般控制在 30 秒以内；

（2）在使用"外形音量"调节"淡入"和"淡出"效果，打点时别改变直线的高度。

实训项目二　用 SnagIt 制作插图

一、实训目的

（1）SnagIt 抓取图像。

（2）SnagIt 处理图像。

二、实训内容

本案例介绍用 SnagIt 抓图功能和图像的处理功能。打开一幅图片,对图片做如下处理:抓取图片的局部,调整亮度、对边缘添加特殊效果、插入标题,图像向右上角旋转 6°,并给图片加上边框。原图如图 6-7 所示,处理以后的效果如图 6-8 所示。

图 6-7　原图

图 6-8　效果图

(1)打开原图。

(2)抓图:打开 SnagIt 软件,在"输入菜单"下将抓取对象设置为区域,在"输出菜单"下将输出设置为文件,抓取原图中一部分,将抓取的文件保存为"抓图.bmp"。

(3)处理图像。

①选择"工具"→"SnagIt 编辑器",在"SnagIt 编辑器"打开"抓图.bmp"。选择"颜色"→"亮度",将图像的亮度增加 15%。

②选择"效果"→"边缘效果"→"破损边缘"命令,给图像加上如图 6-9 所示的破损边缘效果;

③选择"效果"→"边缘效果"→"自定义边缘效果"命令,打开如图 6-10 所示的"自定义边缘效果"对话框,在对话框中设置类型为"淡化边缘",大小为 54,位置为"顶部"和"右边",勾选轮廓,设置宽度为 10,更改轮廓颜色为白色,单击"确定"按钮即可。

图 6-9　"破损边缘"效果

图 6-10　"自定义边缘效果"对话框

④选择"图像"→"旋转"→"任意角度"命令,打开如图 6-11 所示的"旋转"对话框中,在文本框中输入"354",将图像向逆时针方向旋转 6°。

⑤选择"效果"→"注释"命令，给图片添加标题"比萨斜塔"，并设置如图 6-12 所示的标题效果。

⑥选择"效果"→"边界"命令，给图片选择默认的边界。

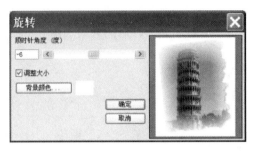

图 6-11　"旋转"对话框

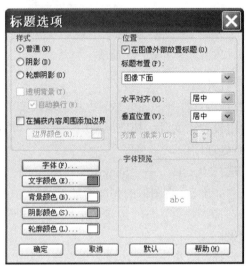

图 6-12　添加图像注释和标题

(4)将处理以后的图片另存为"处理.bmp"即可。

实训项目三　制作电子相册

一、实训目的

(1)用会声会影影片向导制作电子相册。

(2)用会声会影编辑器制作电子相册。

二、实训内容

电子相册具有文件体积小，画面质量高，便于网络传输的优点。会声会影是一款适合初级用户使用的视频编辑软件，提供了一套从捕获视频到编辑视频、到分享视频的完整视频的解决方案，具有界面简洁、操作简单的特点。本案例介绍使用会声会影制作电子相册，操作简单方便。

1) 用会声会影影片向导制作电子相册

"会声会影影片向导"模式简易实用，操作过程简单，下面介绍用会声会影影片向导制作《旅行日记电子相册》。

(1) 导入素材。启动会声会影 X2，在如图 6-13 所示的启动界面中选择"影片向导"打开如图 6-14 所示的用影片向导制作影片的第一个步骤"捕获"界面。此界面提供了插入视频、插入图像和插入数字媒体、从移动设备导入等选项，不仅可以导入视频文件和图像文件，还可以对导入文件进行编辑。本案例中，单击"插入图像"按钮，素材将显示在故事板视图中，出现如图 6-15 所示的界面。还可以单击中间的"素材库"按钮直接将视频和图像从用户的硬盘中添加到故事板视图；单击 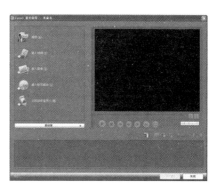 "会声会影"将自动对视频按照日期或者名称排序。

图 6-13　"会声会影"启动界面　　　　　图 6-14　"影片向导"之步骤一捕获

(2) 选择主题模板。

① 单击图 6-15 中的"下一步"按钮，就进入选择主题模板界面。主题模板内含具有动画和文字的片头和片尾以及背景音乐，能使电子相册更加赏心悦目。会声会影提供了四大类几十种模板。在这里，选择家庭相册里面的"多覆叠 03"，使用了模板以后的界面如图 6-16 所示。

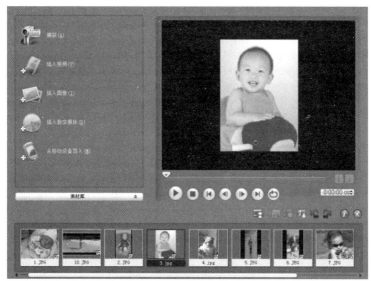

图 6-15　导入素材以后的界面

图 6-16 "使用主题模板"界面

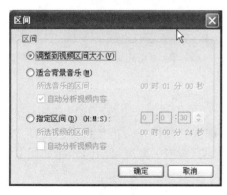

图 6-17 "区间"对话框

②在主题模板界面中单击 ，打开如图 6-17 所示的"区间"对话框，可以设置影片的时间。

调整到视频区间大小：可以修剪背景音乐的长度，来适应电子相册的总时间长度。

适合背景音乐：调整每个素材的长度和电子相册的总时间长度，来适应背景音乐的长度。

指定区间：指定电子相册的总长度，以此来调整每个素材的长度和背景音乐的长度。本案例中，选择"调整到视频区间大小"单选选项。

③一个主题模板包含片头和片尾两个动画，如果需要修改动画中的文字，可以拖动"飞梭栏"到文字画面，双击文字，即可修改画面中的文字；还可以单击标题文字右侧的图标，修改标题文字的字体、字号、颜色和动画效果等属性。本案例中，将片头文字改为"嘟嘟成长日记"，将片尾文字改为"一生平安"，文字设置为幼圆、13 号、灰色；选择背景音乐"轻松音乐"，并调节背景音乐的音量到合适的位置。

（3）创建视频。在主题模板界面设置好各个参数后，单击"下一步"按钮，就进入如图 6-18 所示创建视频界面。在这里可以选择"创建视频文件"、"创建光盘"或者"在会声会影编辑器里面编辑"三种方式来处理前面制作的视频，本案例选择"创建视频文件"。单击创建"视频文件"，弹出如图 6-19 所示的菜单，选择视频的格式和帧频，本案例选择如图 6-19 所示的格式和帧频。在弹出的"另存为"对话框中选择保存影片的位置和指定文件名，单击"确定"按钮。创建视频文件的过程比较缓慢，请耐心等待。创建视频完成，在图 6-18 中单击"关闭"按钮，保存项目文件，以备以后修改用。

图 6-18　"创建视频"对话框

图 6-19　设置视频的格式和帧频

2) 用会声会影编辑器制作电子相册

用完整功能的视频编辑器来创建影片，提供从添加素材、标题、效果、叠覆和音乐到视频输出的整个视频制作过程的完全控制。本案例介绍使用会声会影编辑器制作《四川风景名胜电子相册》。

(1) 导入素材。在图 6-13 中，单击会声会影编辑器，就进入如图 6-20 所示的会声会影编辑器界面。单击素材库右上角 📁，在打开的"打开图像文件"对话框中，选择要导入的图片，单击"打开"按钮即可，如图 6-21 所示。

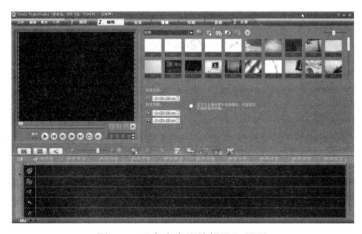

图 6-20　"会声会影编辑器"界面

图 6-21　"打开图像文件"对话框

(2)制作标题片头。在步骤面板中选择"标题",在打开的素材库中选择任意标题样式,在这里选择"my memories",将其拖到时间轴的标题轨,双击文字,修改为"四川风景名胜",设置显示时间为 10 秒 [0:00:10.00 ⬍];将素材库[图像 ▼]下的"I26"图像拖到视频轨道上,设置其显示时间也是 10 秒;将素材库中的 1.jpg 拖到覆叠轨 1 调整大小和位置到画面的左上角,将素材库里面的视频摇动和缩放滤镜拖到上面,设置区播放区间为 10 秒;单击 ❖ 轨道管理器,增加一条叠覆轨道,将素材库中的 2.jpg 拖到覆叠轨 2 调整大小和位置到画面的右上角,将素材库里面的修剪滤镜拖到上面,设置区播放区间为 10 秒;完成以后的片头如图 6-22 所示。

图 6-22　"片头"完成界面

(3)制作电子相册的主体。在故事板视图中,从素材库中将图片依次拖到时间轴上,并调整每张照片显示的时间为 8 秒;选择"编辑",给每张照片选择一个滤镜效果,这样,照片就不再是静止的画面,具有变换的动感;选择"效果",在每两张照片之间插入转场效果。在时间轴视图中，在标题轨上给每张照片加上说明文字，文字的播放区间比图像稍短，设置为6 秒；选择"音频"，将素材库中的"A10"音频文件插到音频轨道上。完成以后，时间轴视图如图 6-23 所示。

图 6-23　时间轴视图

(4)制作片尾。制作片尾的方法与片头类似。

(5)输出视频。在步骤面板中选择"分享"，然后在选项面板中选择"创建视频文件"，根据需要，在弹出的菜单项中选择相应的文件类型，在这里选择"WMV|WMV 720 25 P"，然后在弹出的"创建视频文件"对话框中输入文件名，单击"确定"按钮。

<注意事项>

(1)注意时间面板的三种不同视图模式的切换。▦是切换到故事板视图的按钮，▤是切换到时间线视图的按钮，"音频视图"按钮是切换到音频视图的按钮。具体采用哪种视图模式，根据具体情况而定。

(2)在视频编辑的时候，视频轨道不允许留空，其余的所有轨道都可以留空。

(3)在分享视频时，"创建视频"对话框中输入视频文件名时，一定要去掉文件扩展名.vsp，否则渲染视频会发生读取文件失败的错误。

第7章　网络基础实训

实训项目一　局域网内的简单文件共享

一、实训目的

掌握基于 Windows 7 操作系统平台的局域网中，实现简单文件共享的设置与操作方法。

二、实训内容

设置服务端，使其在局域网中提供文件共享服务；设置客户端，使其能够访问局域网中的共享文件。

【实训 7-1-1】 配置局域网共享。

(1)通过交换机或集线器将提供文件共享服务的服务端和访问共享文件的客户端接入局域网。

(2)设置两台安装了 Windows 7 操作系统的计算机，设置的内容包括：

①计算机名称与工作组：将第 1 台计算机名称设置为"server"，作为提供文件共享服务的服务端；将第 2 台计算机名称设置为"customer"，作为访问共享文件的客户端。两台计算机所属的工作组设置为均为"WORKGROUP"。

②IP 地址：将服务端的 IP 地址/子网掩码设置为 192.168.1.11/255.255.255.0，客户端的 IP 地址/子网掩码设置为 192.168.1.12/255.255.255.0。

③高级共享设置：服务端启用"网络发现"、"文件和打印机共享"、"公用文件夹共享"，并关闭"密码保护共享"；客户端启用 "网络发现"、"文件和打印机共享"。

④服务端启用 Guest 来宾账户。

⑤服务端设置共享文件夹，并为 Guest 来宾账号分配对共享文件夹的读写权限。

(3)配置完成，打开客户端的资源管理器，查看"网络"。如果能看到自己和服务端，则配置成功。

(4)进一步练习对服务端的共享文件夹的读写操作。

<注意事项>

实训知识点：

(1)设置计算机名称和工作组。

(2)设置计算机的静态 IP/子网掩码。

(3)设置计算机网络与共享。

(4)配置计算机账户。

(5)设置共享文件夹。

<**实训步骤**>

(1)设置服务端。

①设置计算机名称和工作组。

在 Windows 7 桌面上，右击"计算机"图标，单击"属性"菜单，弹出控制面板中的"系统"用户界面，如图 7-1 和图 7-2 所示。

图 7-1　Windows 7 操作系统桌面

图 7-2　系统用户界面

该用户界面显示了本计算机的四项信息："Windows 版本"、"系统"，"计算机名称、域和工作组设置"、"Windows 激活"。单击第三项后的"更改设置"，弹出"系统属性"对话框(图 7-3)。单击"计算机名"标签右下方的"更改"按钮，在弹出的"计算机名/域更改"对话框(图 7-4)中，将"计算机名"下方的文本框中的文字改为"server"，在"隶属于"参数组中选择"工作组"，并将其下方的文本框中的文字改为"WORKGROUP"。

单击"确定"按钮后，将连续弹出三个消息框。第一个消息框欢迎用户加入工作组；第二个消息框(图 7-5)告诉用户，"必须重新启动计算机才能应用这些更改"，用户单击"确定"按钮，接着弹出第三个消息框(图 7-6)，提醒用户，在重新启动操作系统前，保存好用户当前的工作以免丢失。用户选择"立即重新启动"或"稍后重新启动"。待操作系统重启后，再次进入控制面板中的"系统"用户界面，查看该计算机名称是否成功更改为"server"，工作组改为"WORKGROUP"。

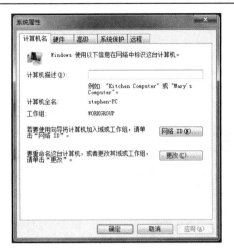

图 7-3 "系统属性"对话框

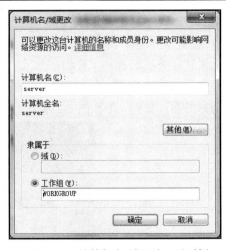

图 7-4 "计算机名/域更改"对话框

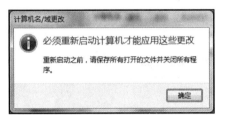

图 7-5 "计算机名/域更改"消息框

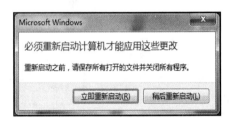

图 7-6 重新启动消息框

②设置静态 IP 地址。

打开"控制面板"窗口，双击其中的"网络和共享中心"图标，启动"网络和共享中心"用户界面。单击左侧"更改适配器设置"，打开"网络连接"用户界面，双击用户界面上"本地连接"图标，弹出"本地连接 状态"对话框(图 7-7)。单击对话框中的"属性"按钮，打开"本地连接 属性"对话框(图 7-8)，选中"此连接使用下列项目"列表框中的"Internet 协议版本 4(TCP/IPv4)"，单击"属性"按钮，打开"Internet 协议版本 4(TCP/IPv4)属性"对话框(图 7-9)。

图 7-7 本地连接状态

图 7-8 本地连接属性

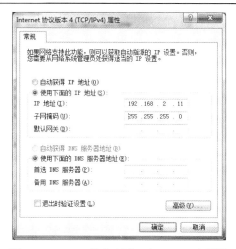

图 7-9　Internet 协议版本 4(TCP/IPv4)属性

在"常规"标签页中选择"使用下面的 IP 地址"，并做如下设置：在"IP 地址"文本框中输入"192.168.1.11"；在"子网掩码"文本框中输入"255.255.255.0"。单击"确定"按钮返回"本地连接"对话框，单击"关闭"按钮完成 IP 地址设置。

这样，server 的"IP/子网掩码"设置为"192.168.1.11/255.255.255.0"。

③设置计算机网络与共享。打开控制面板，单击"网络于共享中心"图标，打开"网络与共享中心"用户界面(图 7-10)，单击左侧"更改高级共享设置"，打开"高级共享设置"用户界面(图 7-11)，针对不同的网络配置文件更改共享选项。为了保证客户端以最简单的方式访问共享文件资源，无论当前的网络位置处于"公用"或者"家庭或工作"中，均需要启用"家庭或工作"中的"网络发现"、"文件和打印机共享"、"公用文件夹共享"，并关闭"密码保护共享"。其他选项保持不变。必须说明的是，以上选项的设置，将保证客户端以最简单的方式访问共享文件。注意，将公用网络中的计算机设置为以上选项，存在风险。

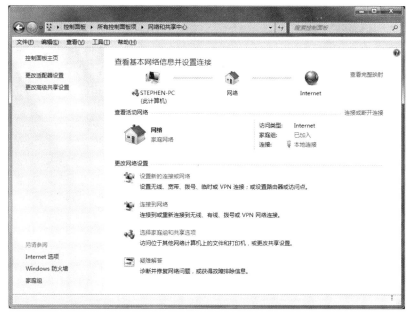

图 7-10　网络与共享中心

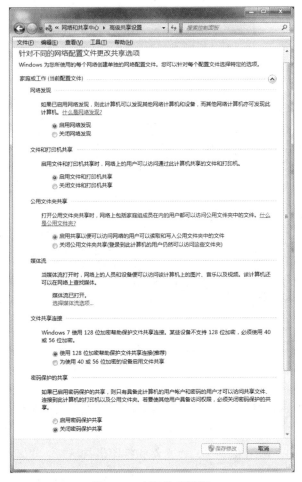

图 7-11　高级共享设置

④启用"Guest 来宾账户"。打开控制面板,单击"用户账户"图标,打开"用户账户"管理界面(图 7-12)。单击"管理其他账户",打开"管理账户"界面(图 7-13)。默认情况下 Guest 来宾账户是未启用的。单击"Guest"账户,系统将询问是否启用来宾账户(图 7-14),单击 "启用"按钮,则系统启用 Guest 账户。启用"Guest 来宾账户"设置完成。客户端将以 Guest 来宾的身份通过局域网获取服务端提供的文件共享服务。

图 7-12　用户账户

⑤设置共享文件夹。在服务端 D 盘创建 "共享文件夹"用于文件共享服务。右击"共享文件夹"图标，在弹出菜单中选择"属性"命令(图 7-15)。

图 7-13　管理账户

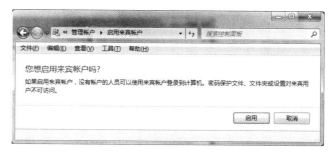

图 7-14　启用来宾账户

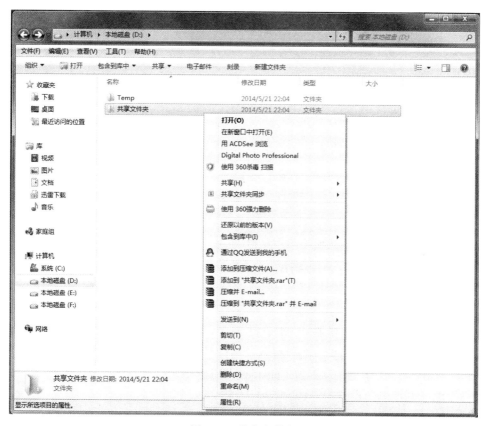

图 7-15　共享文件夹

打开"共享文件夹 属性"对话框(图 7-16)，选择"共享"选项卡。单击"共享"按钮，打开"文件共享"界面(图 7-17)。

图 7-16　共享文件夹属性

图 7-17　文件共享

单击下拉按钮，将 Guest 添加为用户。将 Guest 用户的权限设置为读写(图 7-18)。单击"共享"按钮，进入最后一步，系统向操作者说明，您的文件夹已经共享，单击"完成"按钮(图 7-19)。至此，服务端的设置已经完成。

(2)设置客户端。

使用配置第 1 台计算机的步骤和方法配置第 2 台计算机，在配置过程中，清楚了服务端的设置，客户端的设置较为简单。需要将客户端设置如下：

①将"计算机名/工作组"设置为"customer/WORKGROUP"；

②将"IP/子网掩码"设置为"192.168.1.2/255.255.255.0"；

③根据客户端所在的网络位置，在高级共享设置中，启用 "网络发现"和"文件和打印机共享"两个选项。

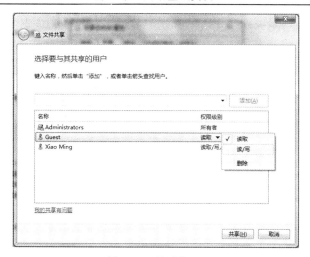

图 7-18　修改权限

图 7-19　完成共享

(3) 客户端访问共享文件夹。

①双击桌面客户端 Windows 7 桌面上"计算机"图标，打开"资源管理器"窗口，单击左侧"网络"，右侧窗口出现，CUSTOM 和 SERVER 两个对象的图标，分别表示客户端自己和服务端两台计算机(图 7-20)。

图 7-20　客户端的资源管理器

②双击"SERVER"图标，客户端用户以 Guest 身份进入服务端的共享文件服务界面。有两个共享文件夹图标："Users"和"共享文件夹"。"Users"是服务端的公用文件夹，"共享文件夹"是服务端用户自己设定共享文件夹(图 7-21)。

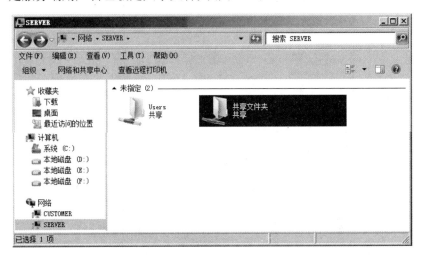

图 7-21　SERVER 中的共享文件夹

③双击"共享文件夹"，可以看到，服务端提供的共享文件。可以直接双击打开，也可以将文件复制到客户端本地，也可以把客户端的文件复制在"共享文件夹"中，分享给服务端的用户(图 7-22)。因为，在服务端设置"共享文件夹"属性时，把读和写的权限完全赋予了 Guest 用户，所以 Guest 在客户端可以很方便地使用共享文件夹，好像在自己本机上一样，试一试吧！

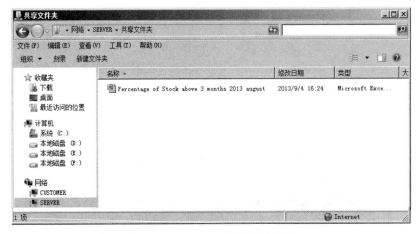

图 7-22　SERVER 中的共享文件

实训项目二　以 FTP 文件传输共享方式传输文件

一、实训目的

通过使用免费开源的 FTP 客户端软件 FileZilla(https://filezilla-project.org)，熟悉 FTP 客户端软件的基本使用方法，掌握使用 FTP 服务对文件进行远程操作，包括上传、下载、删除、重命名以及在服务器端建立文件夹的技能。

二、实训内容

（1）了解免费 FTP 客户端软件 FileZilla 的界面，使用 FileZilla 软件访问匿名 FTP 服务器，并从匿名 FTP 服务器上下载文件。

（2）使用用户名和密码连接 FTP，在用户根目录下建立文件夹，将本地文件上传到用户建立的文件夹中，对服务器上的文件进行改名和删除。

【实训 7-2-1】　认识 FileZilla，从匿名 FTP 服务器中下载文件。

（1）启动 FTP 客户端软件 FileZilla，观察软件界面，了解界面各部分的作用，包括"主机地址"输入框、"用户名"输入框、"密码"输入框、"远程窗口"、"本地窗口"。

（2）在主机地址栏输入匿名 FTP 服务器地址并按 Enter 键，以匿名用户连接 FTP 服务器。

（3）在远程窗口的文件列表栏中选择 FileZilla_3.8.0_win32-setup.exe 文件，然后右击鼠标，在弹出的快捷菜单中选择"传输"命令，将该文件下载到本地默认文件夹中。

<注意事项>

实训知识点：

（1）了解和熟悉 FTP 客户端软件的界面和基本操作。

（2）使用 FTP 客户端软件连接匿名 FTP 服务器。

（3）从已连接的 FTP 服务器中下载文件到本地计算机。

<实训步骤>

（1）启动 FTP 客户端软件 FileZilla，观察其界面的组成部分，找到"主机"文本框、"用户名"文本框、"密码"文本框、"远程窗口"、"本地窗口"，如图 7-23 所示。

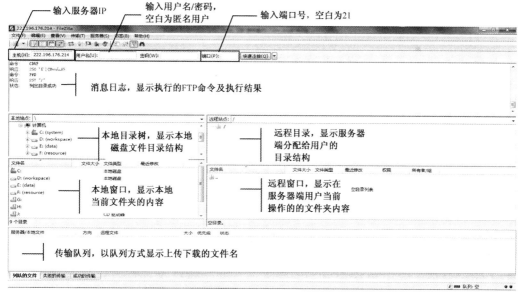

图 7-23　FileZilla 主界面

（2）连接匿名 FTP 服务器并下载文件到本地计算机。

①在"主机"文本框中输入匿名 FTP 服务器的地址（本例中 FTP 服务器地址为222.196.176.214），按 Enter 键，连接 FTP 服务器。

②连接成功后，在远程窗口的文件列表中单击"FileZilla_3.8.0_win32-setup.exe"文件，然后右击鼠标，在弹出的快捷菜单中选择"传输"命令或使用 Ctrl+T 快捷键，将该文件下载到本地计算机文件夹中，下载成功后，在本地窗口的文件列表中可看见该文件，如图 7-24 所示。

③关闭 FileZilla 软件。

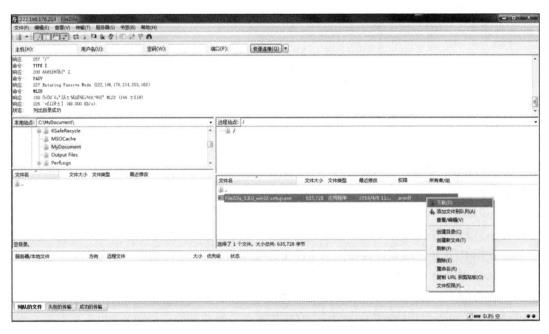

图 7-24　从 FTP 服务器中下载文件到本机

【实训 7-2-2】　操纵服务器文件夹和上传文件。

(1) 使用用户名和密码登录 FTP 服务器。

(2) 在用户根目录下建立文件夹，将本地的 3 个文件上传到在服务器上建立的文件夹中。

(3) 将上传的文件"文件 1.txt"改名为"myfile1.txt"，删除已上传的文件"文件 2.exe"。

<注意事项>

实训知识点：

(1) 使用用户名和密码登录 FTP 服务器。

(2) 在 FTP 服务器上建立文件夹。

(3) 向已连接的 FTP 服务器中上传本地文件。

(4) 修改服务器上远程文件的名称，删除服务器上的远程文件。

<实训步骤>

(1) 使用用户名和密码连接 FTP 服务器。启动 FileZilla，在"主机"文本框中输入将要访问的 FTP 服务器地址 222.196.176.214，在"用户名"和"密码"文本框空白，按 Enter 键，以匿名用户的身份登录到 FTP 服务器。

(2) 在 FTP 服务器建立"MyUpload"文件夹，并上传本地文件到"MyUpload"文件夹中。

①在 FileZilla 的远程窗口的空白处右击，在弹出的快捷菜单中选择"创建目录"命令，在 FTP 用户根目录下建立"MyUpload"文件夹。

②双击"MyUpload"文件夹，使当前远程文件夹为"MyUpload"。

③按住 Ctrl 键，单击本地窗口文件列表栏中的"File.txt"、"File.exe"、"File.rar"，选中这 3 个文件。

④右击鼠标，在弹出的快捷菜单中选择"上传"命令，将这 3 个文件上传到在服务器上建立的"MyUpload"文件夹中，如图 7-25 所示。

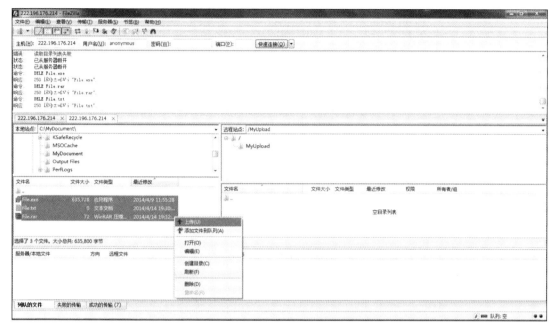

图 7-25　上传多个文件到 FTP 服务器

（3）将服务器中的文件"File.exe"改名为"Program.exe"，删除服务器上的文件"File.rar"。

①在 FileZilla 的远程窗口文件列表栏中"File.exe"上右击，在弹出的快捷菜单中选择"重命名"命令，将"File.exe"改为"Program.exe"，如图 7-26 所示.

②在 FileZilla 的远程窗口文件列表栏中"File.rar"上右击，在弹出的快捷菜单中选择"删除"命令删除该文件。

③关闭 FileZilla 软件。

第8章 工具软件实训

实训项目一 PartitionMagic 8.0 的使用

一、实训目的

(1)掌握 PartitionMagic 8.0 给裸机分区。

(2)掌握 PartitionMagic 8.0 调整、移动分区容量。

(3)掌握 PartitionMagic 8.0 合并分区。

二、实训内容

【实训 8-1-1】 给裸机分区。

<实训步骤>

(1)启动界面 PartitionMagic 8.0,如图 8-1 所示。

图 8-1　启动界面

(2)单击"作业"菜单,选择建立子菜单,如图 8-2 所示。

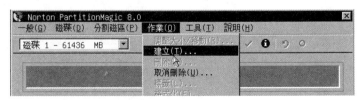

图 8-2　建立分区

(3)在"创建分区"对话框中,在"创建为"下拉列表框中选择"逻辑分区"(或"主分区")选项，在分区类型中选择合适的类型，并设置分区相应的大小单击"确定"按钮，如图 8-3 所示。

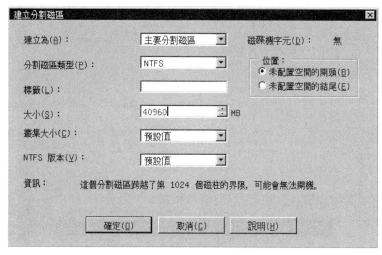

图 8-3 创建分区

（4）设置完成后单击"执行"按钮，执行分区，如图 8-4 所示。

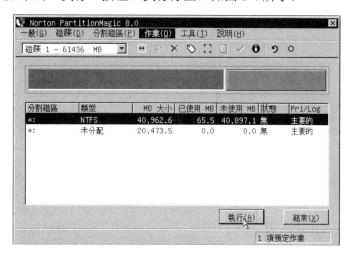

图 8-4 执行分区

【实训 8-1-2】 调整/移动分区容量。

<实训步骤>

（1）单击"分区"菜单，如图 8-5 所示。

图 8-5 分区菜单

（2）选择要调整的分区，然后在分区新容量栏中输入分区的新容量，如图 8-6 所示。

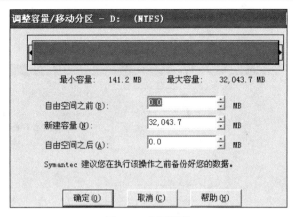

图 8-6　分区调整

(3)单击"确定"按钮，磁盘映像栏的信息如图 8-7 所示。

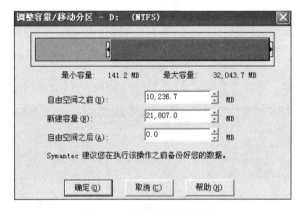

图 8-7　分区调整后的信息

【实训 8-1-3】　合并分区。

<实训步骤>

(1)左边窗口任务栏中选择"合并分区"命令，如图 8-8 所示。

(2)选中需要合并的第 1 个分区，如图 8-9 所示。

图 8-8　选择合并分区

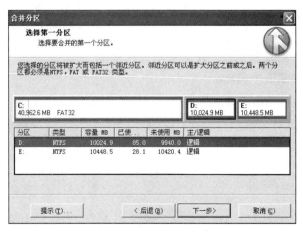

图 8-9　选择合并的第 1 分区

(3)选择需要合并的第 2 个分区，如图 8-10 所示。

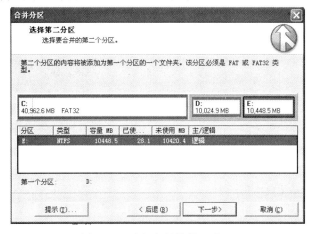

图 8-10　选择合并的第 2 分区

(4)输入文件夹名称，保留第 2 个分区，如图 8-11 所示。

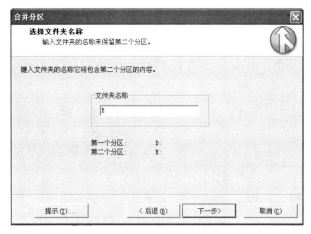

图 8-11　输入文件夹名称

(5)单击"完成"按钮，重启计算机，完成合并分区，如图 8-12 所示。

图 8-12　确认合并分区

实训项目二　　Ghost 11 的使用

一、实训目的

（1）Ghost 11 简介。

（2）掌握 Ghost 11 备份系统。

（3）掌握 Ghost 11 还原系统。

二、实训内容

【实训 8-2-1】　Ghost 11 简介。

<实训步骤>

（1）启动 Ghost 11，启动界面如图 8-13 所示。

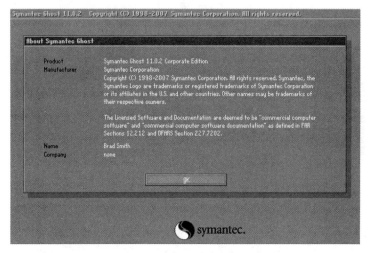

图 8-13　Ghost 11 启动界面

（2）单击 OK 按钮，出现 Ghost 11 主菜单，如图 8-14 所示。

主菜单含义：

Local：对本地计算机上的硬盘进行操作。

Option：Ghost 选项，一般使用默认设置即可。

Help：帮助。

Quit：退出。

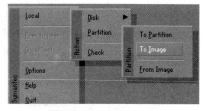

图 8-14　Ghost 11 主菜单

选择 Local→Partition 对分区进行操作：

To Partition：将一个分区的内容复制到另外一个分区。

To Image：将一个或多个分区内容复制到一个镜像文件中。一般备份系统均选择此操作。

From Image：将镜像文件恢复到分区中。当系统备份后，可选择此操作恢复系统。

【实训 8-2-2】　备份系统。

<实训步骤>

（1）选择 Local→Partition→To Image 命令，对分区进行备份，如图 8-15 所示。

(2) 选择需要备份的硬盘，如图 8-16 所示。

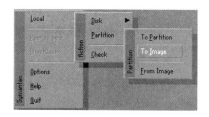
图 8-15　Ghost 11 选择 To Image

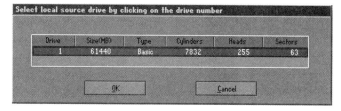
图 8-16　选择备份硬盘

(3) 选择需要备份的分区，如图 8-17 所示。

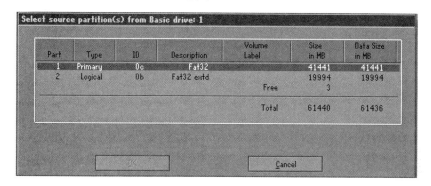

图 8-17　选择备份分区

(4) 选择镜像文件的位置，如图 8-18 所示。

(5) 选择压缩比例，在选择压缩比例时，为了节省空间，一般选择 High。但是压缩比例越大，压缩就越慢，如图 8-19 所示。

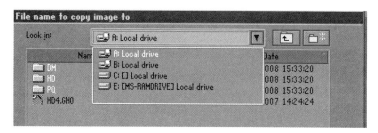

图 8-18　选择镜像文件的位置

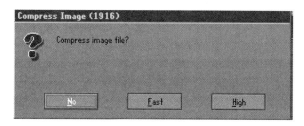

图 8-19　选择镜压缩比

(6) 进行备份操作，界面如图 8-20 所示。

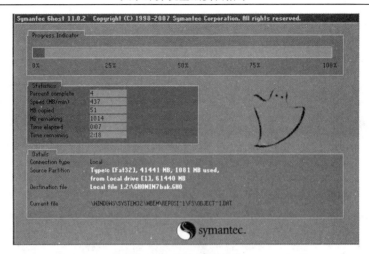

图 8-20　正在进行备份

【实训 8-2-3】　还原系统。

<实训步骤>

(1)选择 Local→Partition→From Image 命令，还原系统，如图 8-21 所示。

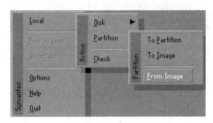

图 8-21　Ghost 11 选择 From Image

(2)选择镜像文件，如图 8-22 所示。

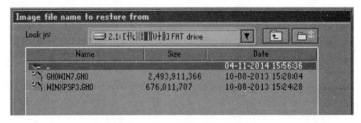

图 8-22　选择镜像文件的位置

(3)选择镜像包含的分区，如图 8-23 所示。

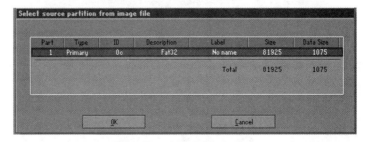

图 8-23　选择包含的分区

(4)选择目标硬盘，如图 8-24 所示。

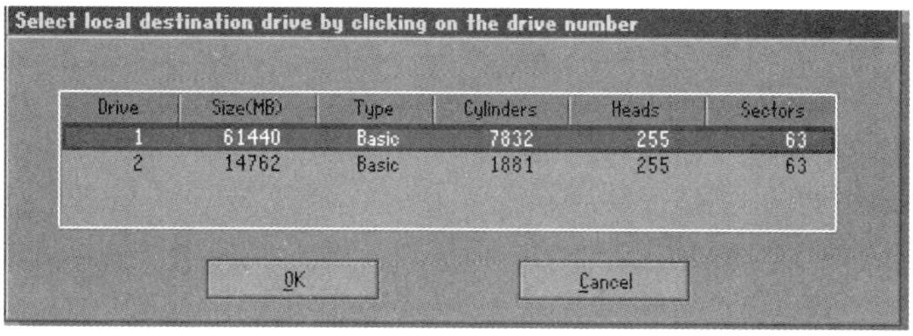

图 8-24　选择目标硬盘

(5)选择目标分区，如图 8-25 所示。

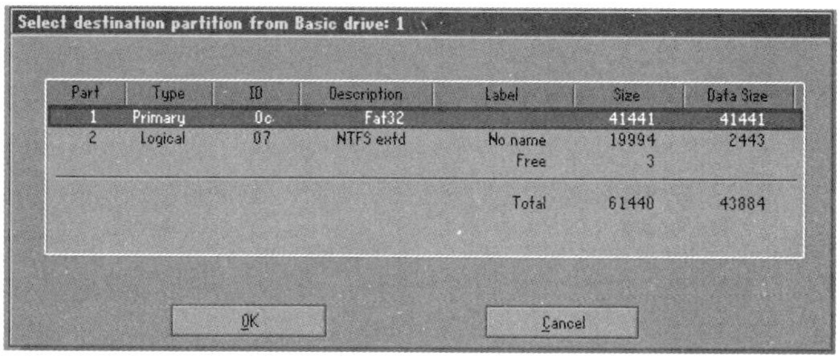

图 8-25　选择目标分区

(6)确认恢复系统，如图 8-26 所示。

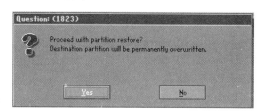

图 8-26　确认恢复系统

(7)系统恢复中，界面如图 8-27 所示。

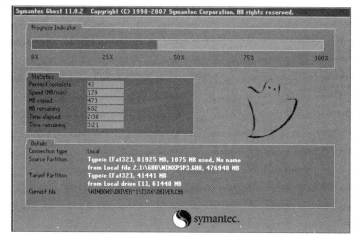

图 8-27　恢复系统中

参 考 文 献

胡小盈，李文玉. 2008. 百炼成钢 Excel 函数高效技巧与黄金案例. 北京：电子工业出版社

教育部高等学校计算机基础课程教学指导委员会. 2011. 高等学校计算机基础核心课程教学实施方案. 北京：高等教育出版社

教育部高等学校计算机基础课程教学指导委员会. 2009. 高等学校计算机基础教学发展战略研究报告暨计算机基础课程教学基本要求. 北京：高等教育出版社

教育部高等学校文科计算机基础教学指导委员会. 2008. 大学计算机教学基本要求. 北京：高等教育出版社

龙马工作室. Office 2010 办公应用从新手到高手. 北京. 人民邮电出版社

全国计算机等级考试一级大纲. 2013. 教育部考试中心

全国信息技术水平大赛考试大纲(高级办公软件). 2012. 教育部教育管理信息中心

神龙工作室. 2008a. 新编 Excel 2003 中文版从入门到精通. 北京：人民邮电出版社

神龙工作室. 2008b. 新编 PowerPoint 2003 中文版从入门到精通. 北京：人民邮电出版社

神龙工作室. 2008c. 新编 Word 2003 中文版从入门到精通. 北京：人民邮电出版社

宋翔. 2011. 中文版 Office 2010 应用大全. 北京. 兵器工业出版社

王爱婷. 2006. 边用边学 Excel 2003. 北京：科学出版社

王建忠，邓超成等. 2010. 大学计算机基础实训指导. 北京：科学出版社

王建忠. 2012. 大学计算机基础(Office 2007 版).北京：科学出版社

王建忠. 2012. 大学计算机基础实训指导(Office 2007).北京：科学出版社

张海波. 2012. 精通 Office 2010 中文版. 北京：清华大学出版社

赵卉亓. 2006. 边用边学 PowerPoint 2003. 北京：科学出版社